普通高等教育规划教材

环境土壤生态综合实验教程

祖艳群　李　元　主编

中国环境出版集团·北京

图书在版编目（CIP）数据

环境土壤生态综合实验教程/祖艳群等主编. —北京：中国环境出版集团，2022.3
普通高等教育规划教材
ISBN 978-7-5111-5083-7

Ⅰ. ①环… Ⅱ. ①祖… Ⅲ. ①环境生态学—土壤生态学—实验—高等学校—教材 Ⅳ. ①X171-33

中国版本图书馆 CIP 数据核字（2022）第 037253 号

出 版 人　武德凯
责任编辑　黄晓燕
文字编辑　谭嫣辞
责任校对　任　丽
封面设计　宋　瑞

出版发行　中国环境出版集团
（100062　北京市东城区广渠门内大街 16 号）
网　　址：http://www.cesp.com.cn
电子邮箱：bjgl@cesp.com.cn
联系电话：010-67112765（编辑管理部）
010-67112735（第一分社）
发行热线：010-67125803，010-67113405（传真）
印　　刷　北京中科印刷有限公司
经　　销　各地新华书店
版　　次　2022 年 3 月第 1 版
印　　次　2022 年 3 月第 1 次印刷
开　　本　787×960　1/16
印　　张　15
字　　数　240 千字
定　　价　33 元

编 委 会

主　编　祖艳群　李　元

副主编　王吉秀　何永美　陈建军

编　委　李　博　李明锐　李天国　李祖然

梅馨月　秦　丽　杨　敏　湛方栋

前　言

随着人们对环境保护、可持续发展和生态文明建设的日益关注，环境生态学、环境土壤学备受重视。尤其是在研究农业环境时，环境生态学是其理论基础，而环境土壤学是其重要的研究对象。环境土壤学与环境生态学之间具有较强的交叉性、综合性和互补性。

一方面，我们必须掌握环境生态学，它运用生态学的原理，阐明了人类对环境的影响以及解决环境问题的生态途径；另一方面，我们必须重视环境土壤学，它是研究人类活动引起的土壤环境质量变化以及这种变化对人体健康、社会经济、生态系统结构和功能的影响，探索调节、控制和改善土壤环境质量的方法。如果说环境生态学奠定了理论基础，环境土壤学体现了实践能力，那么在人才培养时就需要系统综合的实验体系。覆盖环境生态学、环境土壤学课程的基础性实验和综合性实验的开展，需要环境土壤生态综合实验教程。

在环境科学、环境工程、生态学的教学中，实践能力和创新能力的培养具有重要的意义。综合实验教学是实践教学的重要基础和重要内容。如何构建环境科学专业、环境工程专业和生态学专业的实验教学体系，编写综合、系统、规范的综合实验教程，提高环境科学专业、环境工程专业和生态学专业的实验教学水平，是环境科学、环境工程和生态学教育工作者面临的重要问题。

加强高等学校环境科学专业、环境工程专业和生态学专业的实验教学，培养学生的实践能力和创新能力，提高实验教学水平，是高校环境科学专业、环境工程专业和生态学专业教学的重要任务。高等学校环境科学专业、环境工程专业和生态学专业的环境土壤学和环境生态学课程分别开设实验课程，容易带来知识点的重复或缺失，特别是不能满足开展综合性和创新性实验的需求。《环境土壤生态综合实验教程》在这种情况下应运而生，既弥补了该方面的不足，又吸纳了最新的研究技术、方法和研究成果，对于培养学生的实践能力和创新能力，提高实验教学水平，推动专业建设，具有十分重要的理论与实践意义。

本教程主要包括两部分，第一部分为环境土壤生态基础实验，第二部分为环境土壤生态综合实验，共39个实验，涉及调查、监测、评价、修复等方面，内容翔实、丰富。该教程具有较好的针对性、参考性、实用性、规范性、新颖性、综合性、系统性，填补了该方面的空白，对开展实验教学将起到积极的推动作用。本教程对于环境科学专业、环境工程专业和生态学专业的实验教学，培养学生的实践能力和创新能力具有十分重要的意义。

环境土壤生态综合实验教程由祖艳群、李元提出编写提纲，编者共同讨论、确定提纲。祖艳群执笔编写实验一、实验二、实验三、实验四、实验五和实验十四；李元执笔编写实验二十九、实验三十六和实验三十七；王吉秀执笔编写实验六、实验七、实验八、实验九、实验十二、实验十七、实验十八、实验十九、实验二十和实验二十七；何永美执笔编写实验十、实验十一、实验十三、实验十五、实验十六、实验二十四、实验三十、实验三十一；陈建军执笔编写试验二十二和实验三十九；李博执笔编写实验二十三；李明锐执笔编写实验二十六；李天国执笔编写实验三十二；李祖然执笔编写实验二十五和实验三十五；梅馨月执笔编写实验二十一和实验三十三；秦丽执笔编写实验三十四；杨敏执笔编写实验三十八；湛方栋执笔编写实验二十八。编者共同统稿。最后，由祖艳群、李元、王吉秀、何永美和陈建军共同定稿。

本书在编写过程中，得到云南农业大学和中国环境出版集团的大力支持，参考了多部相关的实验指导书和资料，在此一并表示感谢。由于编者水平有限，加之实验教材编写经验不足，本教程难免有不足之处，恳请各位专家、学者和读者批评指正，以便改进和完善。

本书可供各高等院校环境科学专业、环境工程专业、农业资源与环境专业、生态学专业及相关专业教学使用，也可作为从事相关专业教学、研究人员的实验参考书。

祖艳群

2021 年 9 月

目 录

第一部分

环境土壤生态基础实验

实验一　低温对植物叶片细胞膜通透性的影响

低温胁迫对植物的影响表现在植物生物膜系统、植物内含物和植物基因表达等方面。在低温胁迫下植物不仅会在生长形态上发生变化，而且植物体内也会发生一系列的生理生化反应，如可溶性蛋白和可溶性糖等的积累。低温对细胞伤害的最初靶位点是细胞膜，低温引起细胞脱水、膜脂过氧化、细胞壁间粘连以及蛋白质变性，特别是细胞膜成分的变化以及细胞膜流动性降低。当植物受到低温胁迫时，一方面是膜系统从液晶态变成凝胶态；另一方面是膜系统结构发生变化，膜上酶活性改变，三磷酸腺苷（ATP）酶受到损害。低温对细胞伤害的主要表现是膜脂过氧化，低温胁迫导致植物体内产生活性氧和自由基积累，引起细胞膜透性增大，使电解质渗透率加大。电解质离子渗漏率是植物抗寒性强弱的基本指标，抗寒性较强或受害程度较轻的品种，细胞膜的通透性较小，电解质外渗量较少；反之，抗寒性弱的品种，电解质渗出量较大。

在植物低温胁迫中，植物的抗性酶系统对低温产生效应，或酶活性增强，提高抗氧化能力，从而提高对低温的抗性。评价植物对低温响应的重要参考指标包括膜透性、电解质渗出率、叶片中可溶性糖含量、脯氨酸含量、ABA 含量、超氧化物歧化酶、过氧化物酶、过氧化氢酶活性等。植物对低温的响应受到时间、温度、含水量、成熟期、营养状况等因素的影响。

一、实验目的

通过本实验，使学生掌握电导仪的测定原理及使用方法；比较不同低温处理时间的叶片离子渗漏率，作出离子渗漏率低温作用时间曲线，并加以讨论。

二、实验原理

植物细胞膜起调节控制细胞内外物质交换的作用，它的选择透性是其最重要的功能之一。当植物遭受逆境伤害时，细胞膜受到不同程度的破坏，膜的通透性增加，选择通透性丧失，细胞内部分电解质外渗。膜结构破坏的程度与逆境的强度、持续的时间、作物品种的抗性等因素有关。因此，细胞膜通透性的测定常可作为判断逆境伤害的一个生理指标。

当细胞膜的选择通透性被破坏时，细胞内电解质外渗，包括盐类、有机酸等，这些物质进入环境介质中，使介质电导率增加。植物受伤害愈严重，外渗的物质越多，介质导电性越强，测得的电导率就越高。

三、仪器和设备

电导仪、剪刀、小烧杯（100 mL）、三角瓶（150 mL）、移液管（10 mL）、冰箱、打孔器、摇床。

四、材料与试剂

（一）材料

小白菜、蚕豆、小麦等植物的新鲜叶片。

（二）试剂

蒸馏水、去离子水。

五、实验步骤

（1）将实验材料（整株或带枝条）分别编号，依次放入冰箱（5～8℃）内冷藏 1 h、6 h、12 h、18 h 和 24 h，对照放于室内（20～25℃）。

（2）将经过不同时间处理的实验材料取出，取出叶片，并用剪刀剪成大小均匀的小片（或用打孔器打下圆片），称取小片（或圆片）5 g，用蒸馏水洗 3 次后再用去离子水洗两次，用干净滤纸吸干叶面水分和切口汁液，放入具塞的三角瓶内，再用移液管吸取 50 mL 去离子水浸泡，并于摇床上振荡 2 h，将浸提液倒入小烧杯内，用电导仪测定其电导率。

六、结果与计算

叶片离子渗漏率的计算方法见式（1-1）：

$$离子渗漏率=\frac{不同低温处理时间下叶片的浸提液电导率}{对照处理叶片的浸提液电导率}\times 100\% \tag{1-1}$$

将不同低温处理时间的植物叶片离子渗漏率记入表 1-1 中。

表 1-1　不同低温处理时间的植物叶片离子渗漏率　单位：%

植物叶片	处理时间/h					
	0	1	6	12	18	24
白菜叶片						
蚕豆叶片						
小麦叶片						

七、注意事项

（1）叶片小片或圆片的大小需要一致。

（2）叶片的取样部位需要尽量一致。

八、思考题

（1）对于高温和低温伤害的植物，其叶片的细胞膜透性有何变化规律？

（2）根据电导仪的测定结果，试比较不同植物对低温的耐受程度。

实验二 单种及两种以上植物种子萌发的邻接效应或竞争现象分析

在自然界中，植物之间的关系包括正相互作用和负相互作用。植物种群内部个体与个体之间的关系称为植物的种内关系，包括邻接效应、种内竞争、自疏现象等。不同植物物种与物种之间的相互关系称为植物的种间关系，包括附生现象、绞杀现象、种间竞争和他感作用等。在农业生产过程中，合理间作、套作和轮作，不仅能提高复种指数，而且能在一定程度上控制病虫害的发生和扩散。

在研究种内关系和种间关系时，常采用植物种子萌发实验来判定不同植物之间的竞争强弱。两种植物种子发芽竞争时，发芽速度越快的植物种子竞争能力越强。种子发芽率和发芽速度增加能够提高物种在群落中的多度和早期竞争力。种子萌发对物种更新和植被的恢复、外来物种入侵的控制和生态恢复均具有重要的意义。

一、实验目的

通过单种种子不同密度的萌发实验及两种以上种子的混合萌发实验，观测种内邻接效应、种间竞争现象。通过实验加深对邻接效应及竞争排斥原理的理解。

二、实验原理

邻接效应是指一定空间内个体数目（密度）增加，必定会出现相邻个体之间的相互影响。

终产量衡值法则，即种群的密度不同，最后产量却都是一样的，主要原因是邻接效应对其个体生长的抑制随密度增大而增大。Shinoyaki 等（1956）提出了密度与产量线性关系的倒数产量法则，其方程为 $1/W=\mathrm{A}d+\mathrm{B}$（其中 W 为产量，d 为密度，A、B 为常数）。Knapp 等（1954）对洋芋、洋葱和白香草木樨的实验证明：随着发芽种子密度的增加和距离的减少，发芽率明显降低。

种间竞争是指两个种在所需环境资源和能量不足的情况下，因某种必需的环境条件受限制或空间不够而发生的相互关系。在这种相互关系中，种间竞争对竞争种的个体生长和种群的数量增长都有抑制作用。

种间竞争在自然界比较常见。例如，在纯羊草群落中，其他的物种往往生长不良。在上层林木树种的荫蔽下，下层灌木和草本植物的生长由于光照受到限制而生长缓慢。Gause（1934）以两种在分类和生态上很接近的草履虫所做的经典试验，其结果是增长快的双小核草履虫排挤了增长慢的大草履虫，这种种间竞争被称为 Gause 假说，即由于竞争，生态位相同的两个物种不能永久地共存。竞争排斥原理认为在一个稳定的环境内，两个以上受资源限制但具有相同资源利用方式的种不能长期共存。也就是说，完全的竞争者不能共存，具有相似生态习性的植物种群之间、不同属但是生活型相同的植物之间以及同一基因型个体之间的竞争都很激烈。

种间的竞争力取决于种的生态习性和生态幅度、生长速率、个体大小、抗逆性、叶子和根系的数目、植物的生长习性（一年生还是多年生）、植物化学物质以及禾本科植物的分蘖能力等。

三、仪器和设备

培养皿（口径 120 mm）、移液管（10 mL）、定性滤纸、漂白粉、恒温培养箱。

四、材料与试剂

莴苣、洋葱或草木樨种子（三种任选一种）及黑麦草种子，蒸馏水。

五、实验步骤

（1）首先挑选大小一致且籽粒饱满的莴苣、洋葱或草木樨及黑麦草种子，用浓度为 10%的次氯酸钠 20 倍液浸种 20 min，再用蒸馏水清洗后待用。

（2）将定性滤纸放置于培养皿中，用少量蒸馏水浸湿，用镊子将消毒待用的莴苣、洋葱或草木樨种子及黑麦草种子按每个培养皿 2 颗、10 颗、50 颗、250 颗等距离排列于滤纸上，用移液管分别加入蒸馏水 5 mL，盖好培养皿上盖，置 30℃恒温箱中培养。每天观察发芽或幼苗生长情况，并适当添加蒸馏水 1～2 mL，作详细记录，填入表 1-2 和表 1-3 中。

（3）同样方法做两种以上种子的混合萌发实验。

六、结果与计算

$$植物发芽率=\frac{发芽个数}{种子总数}\times 100\% \tag{1-2}$$

根据植物发芽率计算公式计算实验结果，将实验结果记录入表 1-2 和表 1-3，结合邻接效应及竞争排斥原理进行讨论。

表 1-2　邻接效应实验记录

植物	指标	种子数/颗			
		2	10	50	250
莴苣/洋葱/草木樨	发芽率/%				
	幼苗生长情况				
黑麦草	发芽率/%				
	幼苗生长情况				

表 1-3　竞争现象实验记录表

植物	指标	单播	莴苣/洋葱/草木樨与黑麦草混播					
莴苣/洋葱/草木樨	发芽率/%							
	幼苗生长情况							
黑麦草	发芽率/%							
	幼苗生长情况							

七、注意事项

（1）将种子充分消毒，以免种子发霉。

（2）及时添加蒸馏水，培养皿中不能缺水。水分也不能过多，以免种子漂浮后完全混合在一起，不能形成一定的排列组合。

八、思考题

（1）什么是邻接效应？什么是竞争排斥原理？

（2）同种种子的邻接效应与两种以上种子间的竞争现象在实验过程中哪一类型表现得更显著？

实验三 水生生态系统初级生产力的测定——叶绿素法

生态系统是在一定的时空范围内，生物群落与其所处环境之间通过不断的物质循环与能量流动形成的相互依赖、相互作用、相互制约的统一整体，构成一个生态学的功能单位。生态系统是不断运转的，生物有机体在能量代谢过程中，将能量、物质重新组合形成新产品的过程，称为生态系统的生物生产。生态系统中绿色植物通过光合作用吸收和固定太阳能，将无机物合成、转化成复杂的有机物的生产过程称为初级生产或第一性生产。初级生产以外的生态系统生产，即消费者利用初级生产的产品进行新陈代谢，经过同化作用形成异养生物自身的物质，称为次级生产或第二性生产。

植物在单位面积、单位时间内，通过光合作用固定太阳能的量，称为总初级生产力（量）（GPP）。植物总初级生产力（量）减去呼吸作用消耗掉的能量（R），余下的有机物质即为净初级生产力（量）（NPP），即 NPP＝GPP－R。

初级生产力的测定方法包括产量收割法、氧气测定法、二氧化碳测定法、pH测定法和叶绿素测定法等。生态系统初级生产力的测定对于正确评估生态系统的功能、环境的变化和全球气候变化等均具有重要的价值和意义。

一、实验目的

了解测定水生生态系统初级生产力的定义和分光光度计的使用方法。

二、实验原理

叶绿素 a 是植物光合作用的主要光合色素。在一定的光照强度下，叶绿素 a 的含量与光合作用之间具有密切的关系，因此，叶绿素 a 含量是衡量水生生态系统初级生产力的主要指标。在光合作用的反应式（$6CO_2+12H_2O \longrightarrow C_6H_{12}O_6+6H_2O+6O_2$）中，氧气的生成量与有机质的生成量之间存在一定的当量关系：O_2转化为 C 的转换系数为 0.375。

浮游植物叶绿素的测定方法采用分光光度计法。

三、仪器和设备

冰箱、研钵（口径 90 mm）、离心机、离心管（10 mL）、移液管（10 mL）、水样瓶（500 mL）、透明度盘、石英砂、温度计、pH 计、抽滤器、真空泵、棕色容量瓶（10 mL）、乙酸纤维滤膜（孔径 0.80 μm 和 0.45 μm）。

四、材料与试剂

质量分数为 90%的丙酮、碳酸镁粉末。

五、实验步骤

（1）水体环境的观测：透明度采用透明度盘测定；水温采用温度计测定；pH 采用 pH 计测定；溶解氧采用碘量法测定。

（2）水样的采集及保存：选择采集表层水样（1 m 以内）1.5～2.0 L，注入水样瓶（500 mL）中，每升水加入 1%碳酸镁悬浊液 1 mL，低温（0～4℃）避光保存，带回实验室进行抽滤。

（3）抽滤：在抽滤器上装好乙酸纤维滤膜，先用 0.80 μm 乙酸纤维滤膜，再用 0.45 μm 乙酸纤维滤膜，光面向下，粗糙面向上，倒入定量体积（500 mL）的水样进行抽滤，水样抽滤完后，继续抽 1～2 min，以减少滤膜上的水分。抽滤时负压应不大于 50 kPa。

（4）提取：将载有浮游植物样品的滤膜放入研钵中，加入少量的碳酸镁粉末及 2～3 mL 质量分数为 90%的丙酮，充分研磨，提取叶绿素 a。将研磨后的匀浆小心地用细玻璃棒引流移入离心管中，用离心机（3 000 r/min）离心 10 min，将上清液移入 10 mL 的棕色容量瓶中。再用 2～3 mL 质量分数为 90%的丙酮，继续研磨提取，离心 10 min，将上清液移入容量瓶中。重复 1～2 次后，上清液再用质量分数为 90%的丙酮定容至 10 mL，摇匀。

（5）吸光度测定：将定容过的上清液小心地用细玻璃棒引流移入 1 cm 光程的比色皿，采用分光光度计测定吸光度，分别读取 750 nm、663 nm、645 nm 和 630 nm 波长的吸光度 D_{750}、D_{663}、D_{645} 和 D_{630}，并用 90%丙酮作空白吸光度测定，对样品吸光度进行校正。其中，750 nm 的吸光度用作校正样品的浑浊度，而 663 nm、645 nm、630 nm 波长的吸光度用作计算叶绿素含量。

六、结果与计算

（一）叶绿素 a 含量的计算方法见式（1-3）：

叶绿素a含量（mg/L）=

$$\frac{\left[11.64\times\left(D_{663}-D_{750}\right)-2.16\times\left(D_{645}-D_{750}\right)+0.10\times\left(D_{630}-D_{750}\right)\times V_1\right]}{V\times\delta} \quad (1\text{-}3)$$

式中，D —— 吸光度；

V_1 —— 提取液定容后的体积，mL；

V —— 抽滤水样体积，mL；

δ —— 比色皿光程，cm。

（二）初级生产力的估算

表层水（1 m 以内）中浮游植物的潜在生产力（Ps，mg/m^3），根据表层水叶绿素 a 的含量计算见式（1-4）：

$$Ps = \text{Chl a}\times Q \quad (1\text{-}4)$$

式中，Chl a —— 表层叶绿素 a 的含量，mg/m^3；

Q —— 同化系数，表层水的同化系数为 3.7。

七、注意事项

（1）水样的采集深度不要超过 1 m。

（2）水样保存时间不能过长，及时测定。

（3）在研磨过程中尽量避光以减少叶绿素的光降解。

（4）在转移过程中尽量减少样品的损失。

八、思考题

（1）不同深度的水域初级生产力有什么不同？

（2）影响水体初级生产力的因素有哪些？

实验四 氯气污染对植物叶片澄清液 pH 的影响

氯气（Cl_2）是一种黄绿色气体，具有强烈臭味，是大气环境中的主要污染物之一。氯气可能来自化工厂、制碱厂、制药厂、农药厂、冶炼厂、玻璃厂、塑料厂、自来水净化厂、医院及游泳池的氯气消毒等。氯气逸散于大气中，达到一定浓度后，会导致植物受到急性或慢性伤害。低浓度氯气进入植物的叶片组织，会破坏叶肉细胞中的叶绿素，使叶片出现脱绿斑点或斑块。随着伤害时间的延长，叶片的组织细胞坏死，出现浅褐色至深褐色的不同颜色的伤斑。这些伤斑变干后，叶片皱缩，叶片的光合作用减弱。氯气浓度过高时，对植物组织具有烧伤性破坏作用，出现枝叶干枯的现象和烧灼斑，而超过了植物耐受限时，会导致植物急性死亡。

被氯气污染后，不同植物的症状出现的时间、部位、先后顺序有一定的差异。叶片脱落是氯气伤害叶片的表现之一。受叶龄、氯气浓度及其作用时间等因素的影响，不同植物种类受伤害后的症状不同。受氯气污染的工厂和环境中可以选择抗性较强的植物进行绿化，包括油松、侧柏、云杉、桧柏、接骨木、毛白杨、国槐、梧桐、椿树、旱柳、垂柳、卫矛、北京杨、大叶黄杨、泡桐、胡枝子、木槿、丁香、瑞香、夹竹桃、金银木、火炬、紫羊茅、野牛草及结缕草等。适于作氯气污染的指示植物包括珍珠梅、辽杨、石榴、葡萄、金银花、紫茉莉、连翘及菊花等。

一、实验目的

本实验通过测定和比较各种植物在氯气污染与非污染环境中叶片澄清液的 pH，一方面了解氯气污染对植物的危害，另一方面比较不同植物抗氯气污染的能力。

在本实验中，学生要掌握测定叶片澄清液 pH 的方法；学会使用酸度计，并熟悉其原理；比较所测定的植物叶片澄清液 pH 的变化，并分析这种变化与植物受害程度的关系，以及与无氯气污染情况下叶片澄清液 pH 大小的关系。

二、实验原理

工业废气的大量排放使大气受到污染。当大气污染物 Cl_2、HCl、SO_2 等通过叶片表面的气孔进入叶肉细胞后，生成 HClO（$Cl_2+H_2O \longrightarrow HClO^++Cl^-$）、$H_3O^+$（$HCl+H_2O \longrightarrow H_3O^++Cl^-$）和 H_2SO_3（$SO_2+H_2O \longrightarrow H_2SO_3$）；这些酸性物质破坏了叶片内原有的 pH 平衡，使植物叶片澄清液的 pH 降低，当 pH 降低到植物体无法适应时，植物便表现出生理或形态上的伤害。

叶片澄清液的 pH 与植物的抗性关系非常密切。植物叶片澄清液的 pH 越高，抗氯性越强。因为叶片澄清液的 pH 越高，越有可能中和酸性污染物，缓和酸性物质对叶肉细胞的伤害，维持细胞的正常代谢活动。

三、仪器和设备

熏气箱或通风橱、酸度计、大烧杯（500 mL）、天平、小烧杯（100 mL）、研钵（口径 90 mm）、漏斗、滤纸、剪刀。

四、材料和试剂

（一）材料

白菜、蚕豆、小麦新鲜叶片。

（二）试剂

去离子水、盐酸、高锰酸钾。

五、实验步骤

（1）首先将实验材料（整株或枝条带叶片）插在盛有水的大烧杯中，将大烧杯置于熏气箱或通风橱内；另取一只大烧杯置于熏气箱或通风橱内，往其中倒入适量盐酸和高锰酸钾产生氯气，熏蒸实验材料 3～5 min。对照处理的实验材料置于熏气箱或通风橱外。

（2）取对照叶片和熏蒸的叶片，用水洗净，用滤纸吸干。分别称取 5 g 叶片，用去离子水冲洗，用滤纸吸干后在研钵中研碎，加 50 mL 去离子水，沉淀 30 min，用滤纸过滤，滤液收集于小烧杯中，用酸度计测定其 pH，准确读至 0.01。

六、结果与计算

$$\text{叶片澄清液pH变化率}=\frac{\text{熏蒸叶片澄清液pH}-\text{对照叶片澄清液pH}}{\text{对照叶片澄清液pH}}\times 100\% \quad (1\text{-}5)$$

将测出的叶片澄清液 pH 实验结果计入表 1-4，并通过计算得出叶片澄清液 pH 变化率。

表 1-4　氯气对植物叶片澄清液 pH 的影响

植物名称	熏蒸的叶片澄清液 pH	对照叶片澄清液 pH	叶片澄清液 pH 变化率

七、注意事项

（1）盐酸和高锰酸钾产生氯气熏蒸植物叶片应放在熏气箱或通风橱内，以免对身体健康产生危害。

（2）取对照叶片和熏蒸叶片的部位应该保持一致，否则实验结果可能产生较大的差异。

八、思考题

（1）酸性污染物质是如何伤害植物的？

（2）比较所测定的植物叶片澄清液 pH 的变化，并分析这种变化与植物受害程度的关系。

实验五　Cd 胁迫对植物种子萌发及幼苗生长发育的影响

重金属影响植物种子萌发及幼苗生长，在低浓度时对某些种子的萌发有促进作用，而超过一定的浓度范围后则抑制种子的萌发。重金属抑制植物种子萌发的原因是抑制了淀粉酶和蛋白酶的活性，抑制了种子内储藏的淀粉和蛋白质的分解，从而影响种子萌发所需的物质和能量。重金属对植物种子萌发的影响与物种以及种子的自身结构有很大的关系，特别是种皮的结构。种皮是阻止重金属侵入抑制胚萌发的主要壁垒，不同重金属在不同种子萌发过程中所起的作用不同。

重金属植物效应的表观现象之一是抑制植物生长。在重金属污染环境中，敏感性植物体内生理生化过程紊乱、光合作用降低、营养物质吸收受到抑制，导致供给植物生长的物质和能量减少，抑制生长；即使是能完成生活史的耐性较强的品种，为了保持细胞的正常功能，适应逆境，也必然要消耗植物生长过程中的有效能量。铜（Cu）、铅（Pb）、镉（Cd）、锌（Zn）、钴（Co）和汞（Hg）等重金属严重影响植物的生长发育和代谢，抑制农作物细胞的分裂和伸长以及多种酶的活性，导致光合作用和呼吸作用减弱，农作物产量和品质降低。高浓度 Cd^{2+}胁迫影响根细胞的分裂生长，从而抑制根的伸长，影响根系对土壤深层水分和养分的吸收，进而导致幼苗地上部分生长缓慢，植株矮小，生物量降低。

一、实验目的

本实验采用不同浓度的 Cd^{2+}处理，观察不同浓度的 Cd^{2+}对种子萌发和幼苗生长发育的影响。通过本实验，要求学生掌握不同浓度 Cd^{2+}溶液的配制方法；通过实验结果说明 Cd^{2+}对植物种子发芽率及幼苗生长发育有什么影响、不同浓度的重金属溶液的影响有什么差别，并加以解释。

二、实验原理

种子萌发是植物繁殖后代的关键性步骤，也是评价种子质量的主要依据。种子萌发程度常用种子发芽率表示。种子发芽率是指在最适宜的条件下，在规定的天数内发芽的种子数占供试种子数的百分比，它是评价种子品质和实用价值的主要依据。测定种子发芽率的方法很多，如直接发芽法、快速测定法等，快速测定法包括氮化三苯氮唑法（TTC 法）、嗅麝香草酚兰法（BTB 法）和纸上荧光法。本实验采用直接发芽法测定种子发芽率。种子活力属于复合概念，包括发芽率、发芽势、发芽指数和活力指数等，能反映种子对外界不良环境的耐受力和生产潜力等。种子发芽势是指发芽实验初期，在规定的天数内能正常发芽的种子数占供试种子数的百分比。种子发芽势高，表示种子生活力强、发芽整齐、出苗一致。

三、仪器和设备

恒温箱、直尺、镊子、滤纸、烧杯（50 mL）、培养皿（口径 120 mm）、移液管（10 mL）、容量瓶（50 mL、1 000 mL）、分析天平。

四、材料与试剂

（一）材料

小麦种子、玉米种子、小白菜种子。

（二）试剂

蒸馏水、醋酸铅、氯化镉、次氯酸钠。

五、实验步骤

（1）镉溶液的配制。准确称取 200.3 mg 氯化镉置于烧杯中，用蒸馏水将其溶解后用玻璃棒引入 1 000 mL 容量瓶中，定容到 1 000 mL，即质量浓度为 100 mg/L 的镉溶液。用质量浓度为 100 mg/L 的镉溶液配制 5 mg/L、10 mg/L、25 mg/L、50 mg/L 4 个质量浓度的镉溶液。

（2）植物种子的预处理。取颗粒饱满、大小均匀的植物种子置于烧杯内，用自来水冲洗2～3次，用质量分数为5%的次氯酸钠消毒4～5 min，再用自来水清洗数次，于30℃的温水中浸种吸涨30 min。

（3）植物种子的镉处理及培养。取干净培养皿5套，分别加入各质量浓度的镉溶液 10.0 mL，在每个培养皿中加入一张滤纸，用镊子放入预处理的植物种子20～50粒，盖好培养皿上盖，置30℃恒温箱中培养，同时用蒸馏水作对照实验。

六、结果与计算

培养2 d、4 d、6 d、8 d、10 d，观察植物种子发芽及幼苗生长的情况。测定不同镉处理浓度已发芽的种子的平均数、平均根长和平均芽长，将结果记入表1-5，并加以解释。

$$\text{发芽指数（GI）}=\sum（G_t/D_t）\tag{1-6}$$

$$\text{活力指数（VI）}=\text{GI}\times S\tag{1-7}$$

式中，G_t —— t 日的发芽数，粒；

D_t —— 发芽天数，d；

S —— 芽的长度+根的长度，cm。

$$\text{发芽率}=\frac{\text{发芽种子数}}{\text{种子总数}}\times 100\%\tag{1-8}$$

$$\text{发芽率变化百分数}=\frac{\text{各处理浓度下发芽率}-\text{对照发芽率}}{\text{对照发芽率}}\times 100\%\tag{1-9}$$

$$\text{平均芽长变化百分数}=\frac{\text{平均芽长}-\text{对照平均芽长}}{\text{对照平均芽长}}\times 100\%\tag{1-10}$$

$$\text{平均根数变化百分数}=\frac{\text{平均根数}-\text{对照平均根数}}{\text{对照平均根数}}\times 100\%\tag{1-11}$$

$$\text{平均根长变化百分数}=\frac{\text{平均根长}-\text{对照平均根长}}{\text{对照平均根长}}\times 100\%\tag{1-12}$$

表 1-5　不同浓度 Cd^{2+} 处理对种子萌发的影响

种子名称：		种子总数/粒		培养天数/d	
实验组别	1	2	3	4	5
镉处理浓度/（mg/L）	0（对照）	5	10	25	50
发芽种子数/粒					
发芽率/%					
平均芽长/cm					
平均根数/根					
平均根长/cm					
发芽率变化百分数/%					
发芽指数（GI）					
活力指数（VI）					
平均芽长变化百分数/%					
平均根数变化百分数/%					
平均根长变化百分数/%					

七、注意事项

（1）种子充分消毒，以免在培养过程中发霉。

（2）在整个培养过程中注意补充溶液，保证种子不会因为缺水而死亡。

八、思考题

（1）镉对植物种子发芽率及幼苗生长发育有什么影响？

（2）找出不同浓度的镉处理对植物种子发芽率及幼苗生长的影响有什么差别，并加以解释。

实验六　土壤样品的采集与预处理

土壤是重要的环境介质，是一个开放的系统，也是地球表面物质、能量和信息交换最活跃的区域之一。它具有满足植物生长所必需的营养元素，保持水分以供植物吸收和生产植物产品的功能；拥有种类繁多的微生物和土壤动物；具有吸附、储存、分散、中和及降解环境污染物的能力，是一个天然的生物化学反应器和储存库。

由于土壤的功能、组成、结构、特征以及土壤在环境生态中的特殊地位和作用，防止土壤污染和及时进行土壤环境监测是当前环境土壤学研究的重要内容。在进行土壤环境监测时，合理选择土壤采样单元和采样点，采集具有代表性的土壤并制备好土壤分析样品，是取得可靠监测分析数据的重要条件，关系到分析结果和由此得出的结论的正确性。因此，所采集的土壤要具有充分的代表性，防止受到污染，使土样能真实地反映土壤的实际状况。

土壤样品的采集方法因分析目的不同而有差异。如果要研究整个土体的发生发育，则必须按土壤发生层采样；如果要进行土壤物理性质的测定，则需要采集原状土壤样品；如果要研究耕作层土壤的理化性质、养分状况，则应选择代表性田块，在耕作层多点采集混合样品，如有必要，还可在耕作层以下再采一层混合样品。对于土壤环境研究来说，有时要作背景值调查，其采集方法则要求更高。土壤样品的制备是土壤样品采集的延续，目的是使样品在贮藏过程中达到均一化，减少影响分析和测定结果的物理化学变化，其分析和测定所得的结果能代表整个样品和田间情况。

一、实验目的

根据土壤环境监测的目的，选择并确定样品采集地点、层次、数量、时间等，使学生深刻理解土壤样品的采集过程，了解土壤分析样品的制备意义，掌握土壤样品的制备过程、方法及保存方法。

二、仪器和设备

土袋、标签、橡皮、铅笔、牛皮纸、木盘、木槌、台秤、镊子、广口瓶（1 L）、土壤筛一套、研钵（口径 90 mm）、纸袋、缩分器、环刀（100 cm^3）。

三、实验步骤

（一）土壤样品的采集数量

用于土壤养分、pH、盐分等物理化学性状分析用的样品，一般采集 1 kg 左右即可，如果采集的土壤样品过多，可用样品缩分器或四分法将样品缩分至规定数量。四分法是将所采集的土壤样品粉碎并充分混合，捡出碎石块和植物枝叶、根等杂质，铺成四方形或圆形，画对角线分成四份，把对角的两份分别合并为一份后保留一份，弃去一份。如果所得的样品仍然多，可再用四分法处理，直到所需数量为止。

（二）土壤剖面样品的采集

分析研究不同层次土壤基本理化性质，必须按土壤发生层次采样。具体方法是：选择代表研究对象的采样点挖一个 1 m×1.5 m 或 1 m×2 m 的长方形土坑，土坑的深度一般要求达到母质或地下水即可，在 1～2 m。然后根据土壤剖面的颜色、结构、质地、松紧度、湿度、植物根系分布等，自上而下地划分土层，进行仔细观察、描述记载，将剖面形态特征逐一记入剖面记载表内，可作为分析结果审查时的参考。观察记载后，就自下而上地逐层采集土壤样品，通常采集各发生土层中部位置的土壤，而不是整个发生层都采。随后将所采集样品放入布袋或塑料袋内，在土袋的内外附上标签，写明采集地点、剖面号数、层次、土层、土层深度、采样深度、采集日期和采集人等信息。

（三）土壤物理性质测定样品的采集

测定土壤容重、孔隙度等物理性状，须用原状土样，其样品可直接用环刀在各土层中采取。采取土壤结构性的样品，须注意土壤湿度，不宜过干或过湿，最好不黏铲、不变形，尽量保持土壤的原状，受挤压变形的部分要弃去。土样采后要小心地装入铁盒，密封或按要求装入铝盒或环刀，带回室内分析测定。

（四）耕层混合土样的采集

在农业生产上进行测土施肥或进行肥效试验研究，大都采集耕层混合土样进行分析，为科学施肥提供依据。由于受人类生产活动的影响，耕层土壤存在显著差异。不均匀的施肥、不同的施肥方式和耕作方式都能造成土壤的局部差异，而这种差异往往带有一定的方向性。在实际采样中，耕层混合样品的采集方法、样点的数量和分布应视田块的形状、大小、土壤肥力状况、研究目的和要求的精细程度等而有不同，因此，采样时应沿着一定的路线，按照随机、等量和多点混合的原则进行采样。随机即每一个采样点都是任意决定的，使采样单元内的所有点都要有同等机会被采到；等量是要求每一采样点采取土样的深度要一致，采样量要一致；多点混合是指把一个采样单元内各点所采的土样均匀混合构成一个混合样品，以提高样品的代表性。一般有下列 3 种采集方法（背景值等调查研究采样要视研究区范围内的复杂程度和变异情况而定）。

（1）梅花形采样法：田块面积较小，接近方形，地势平坦，肥力较均匀的田块可采用此法，取样点不少于 5 个。

（2）棋盘式采样法：面积中等，形状方整，地势较平坦，肥力不太均匀的田块宜用此法，取样点不少于 10 个。

（3）蛇形采样法：适于面积较大，地势不太平坦，肥力不均匀的田块。

（五）土壤样品的预处理

样品制备的目的是：①剔除土壤以外的侵入体（如植物残茬、石粒、砖块等）和新生体（如铁锰结核和石灰结核等），以除去非土壤的组成部分；②适当磨细，充分混匀，使分析时所称取的少量样品具有较高的代表性，以减少称样误差；③全量分析项目，样品需要磨细，以使分解样品的反应能够完全和匀质；④使样品可以长时间保存，不至因微生物活动而霉坏。样品制备好坏同样也对分析结果有较大的影响。所以样品必须制备成不同粒级，满足不同分析的需要，操作程序如下。

（1）风干

从田间采回的土样，应及时进行风干。其方法是将土样放在木盆中或塑料布上，摊成薄薄的一层，置于室内通风阴干。在土样半干时，须将大土块捏碎（尤其是黏性土样），以免完全干后结成硬块，难以磨细。风干场所力求干燥通风，并要防止酸蒸汽、氨气和灰尘的污染。

样品风干后应拣去动植物残体（如根、茎、叶、虫体等）和石块、结核（石灰结核、铁锰结核）。如果石子过多，应当将拣出的石子称重，记下所占的质量分数。

（2）粉碎过筛

风干后的土样倒在木盆内，用木棍研磨，使之全部通过孔径为 2 mm 的筛子。充分混匀后用四分法分成两部分，一部分作物理分析用，另一部分作化学分析用，作化学分析用的土样还必须进一步研磨，使之全部通过孔径为 1 mm 的筛子，供有效养分分析用。注意土壤研细主要是使团粒或结粒破碎，这些颗粒是由土壤黏土矿物或腐殖质胶结起来的，而不能破坏单个的矿物晶粒。因此，研碎土样时，只能用木棍滚压，不能用锤子锤打，因为矿物晶粒破坏后会暴露出新的表面，增加有效养分的溶解。

全量分析（包括 Si、Fe、Al、有机质、全氮等的测定）的样品，不受磨碎的影响，而且为了使样品容易分解需要将样品磨得更细。方法是将样品铺开，划成许多小方格，用骨匙多点取出土壤样品约 20 g，磨细，使之全部通过 100 目的筛子。测定含 Si、Fe、Al 的土样要用玛瑙研钵研磨，瓷研钵会影响 Si 的测定结果。

（3）保存

一般的样品用磨口具塞的广口瓶保存半年至一年，以备必要时查核之用。样品瓶上标签须注明样号、采样地点、土类名称、试验区号、深度、采样日期、筛孔等信息。瓶内的样品应保存在样品架上，尽量避免日光、高温、潮湿或酸碱气体等的影响，否则影响分析结果的准确性。

标准样品是用以核对分析人员成批样品的分析结果，特别是各个实验室协作进行分析研究和改进时需要有标准样品。标准样品需长期保存，不能混匀，样品瓶上贴上标签后应以石蜡涂封，以保证不变质。每份标准样品应附分析结果的记录。

四、注意事项

（1）有大量样品时，必须编号设立样品总账，然后放在干燥和避光的地方，按一定的顺序排列和保存。

（2）样品登记时，需把剖面号数、采样地点、采样人、处理日期、石砾、新生体含量等加以记载，以便查阅。

（3）样品需长时间保存时，标签最好用不褪色的黑墨水填写，并在上面涂薄层石蜡。

五、思考题

（1）如何布点采集受污染的土壤样品？采集一个代表性混合土样有哪些要求，应该注意些什么？

（2）如何制备土壤样品？制备过程中应注意哪些问题？

（3）为使采集的土样具有最高的代表性，其分析结果能反映田间实际情况，应如何使采样误差减小到最低限度？

实验七　土壤容重、比重测定及孔隙度计算

土壤容重是指自然状态下，单位体积内（包括土粒和孔隙）土壤的烘干重量，单位为 g/cm^3。土壤容重的变化与土壤孔隙度、土壤类型、土壤质地和结构、土壤深度、有机质含量以及各种自然因素和人工管理措施密切相关，可较好地反映土壤透气性、入渗性能、持水能力和溶质迁移潜力等。土壤比重可用来计算一定面积耕层土壤的质量和土壤孔隙度，根据测定结果可以大致判断土壤的矿物组成，有机质含量及母质、母岩的特性。测定土壤孔隙度可以为了解土壤中水、气、肥、热等因子的相互关系提供参考资料。因此，土壤容重、比重和孔隙度是土壤重要的物理性质之一，不仅可以准确反映土壤物理性状的整体状况，有效地指示土壤质量和土壤生产力，还可以作为判断土壤肥力高低的重要指标。

一、实验目的

通过实验，使学生掌握土壤容重、比重和孔隙度的测定方法，熟练掌握环刀的使用方法。

二、实验原理

采用一定容积的钢制环刀，切割自然状态下的土壤，使土壤恰好充满环刀，然后称量，并根据土壤自然含水量，计算每单位体积的烘干土重，即土壤容重。

三、仪器和设备

环刀（100 cm^3）、木垫板、铁铲、小刀、天平、铝盒（直径 60 mm、高 60 mm）、烘箱、比重瓶（50 mL）、白磁盘、培养皿（口径 120 mm）、滤纸。

四、实验步骤

（1）在室内先称量环刀（连同底盘、垫底滤纸和顶盖）的质量，环刀容积一般为 100 cm^3。

（2）将已称量的环刀带至田间采样。采样前，将采样点土面铲平，去除环刀两端的盖子，再将环刀（刀口端向下）平稳压入土中，切忌左右摆动，在土柱冒出环刀上端后，用铁铲挖周围土壤，取出充满土壤的环刀，用锋利的削土刀削去环刀两端多余的土壤，使环刀内的土壤体积恰为环刀的容积。在环刀刀口一端垫上滤纸，并盖上底盖，环刀上端盖上顶盖。擦去环刀外的泥土，立即带回室内称重。

（3）在紧靠环刀采样处再采土 10～15 g，装入铝盒带回室内测定土壤含水量。

（4）将装满土壤的环刀称重，再将其放入 105℃烘箱中烘 8～12 h，直至恒重，根据式（1-14）计算土壤容重。将土壤容重测定结果记入表 1-6 中。

（5）将比重瓶加水至满、外部擦干，称重为 A（比重瓶质量 + 水质量）。

（6）将比重瓶中的水倒出约 1/3，取步骤（4）中烘干至恒重的土壤 10 g，小心倒入瓶中，加水至满，勿使水溢出，称重为 B（比重瓶质量 +10 g 干土质量 + 排除 10 g 干土体积后的水质量）。

（7）10 g 干土同体积的水质量：

$$C = 10 + A - B \quad (1\text{-}13)$$

式中，A = 比重瓶质量 + 水质量，g；

B = 比重瓶质量 +10 g 干土质量 + 排出 10 g 干土体积后的水质量，g；

C = 10 g 干土同体积的水质量，g。

（8）根据式（1-15）计算土壤比重。将土壤比重测定结果记入表 1-7 中。

（9）土壤总孔隙率，根据式（1-16）进行计算。

（10）土壤毛管孔隙度测定：

①取磁盘一个，盘中倒放一培养皿，培养皿上放滤纸一张，稍大于培养皿，将环刀连同所取土柱放于其上。

②向磁盘中加水，并使滤纸边缘接触水面，但勿使水面漫过培养皿。

③使土柱通过滤纸吸水，待土壤毛细管全部充满水时为止。

④取出环刀将吸水膨胀而超出环刀的湿土用小刀切去，连同湿土柱称重，再

减去环刀质量即为充满毛管水的湿土质量。

⑤从环刀上部取出土样 10～20 g，置铝盒中，将其放入烘箱，于 105℃烘干 8 h，测其含水量，计算出环刀内的干土质量。

⑥根据式（1-17）计算土壤毛管孔隙度。将土壤孔隙度测定结果记入表 1-8 中。

（11）非毛管孔隙度根据结果与计算中的式（1-18）进行计算。

五、结果与计算

（一）土壤容重

土壤容重相关计算公式如下：

$$土壤容重（g/cm^3）=\frac{（铝盒质量+干土质量）-铝盒质量}{环刀容积} \tag{1-14}$$

（二）土壤比重

土壤比重相关计算公式如下：

$$土壤比重=\frac{干土质量}{同体积水的质量} \tag{1-15}$$

（三）土壤孔隙度

土壤孔隙度相关计算公式如下：

$$土壤总孔隙率（\%）=100\times(1-\frac{容重}{比重}) \tag{1-16}$$

$$土壤毛管孔隙度（\%）=\frac{毛管水体积}{土壤体积}\times 100 =\frac{充满毛管水的湿土质量-同体积土壤干土质量}{土壤体积}\times 100 \tag{1-17}$$

$$土壤非毛管孔隙度（\%）=土壤总孔隙度-土壤毛管孔隙度 \tag{1-18}$$

（四）记录结果

（1）土壤容重

表 1-6　土壤容重测定记录表

采样地点	深度/cm	重复	铝盒质量/g	铝盒加湿土质量/g	湿土质量/g	土壤含水率/%	总干土质量/g	容重/（g/cm^3）
		1						
		2						
		3						

（2）土壤比重

表 1-7　土壤比重测定记录表

采样地点	深度/cm	重复	A/g	A+10/g	B/g	C/g	比重
		1					
		2					
		3					

（3）土壤孔隙度

表 1-8　土壤孔隙度测定记录表

采样地点	深度/cm	重复	容重取土器质量/g	容重取土器+吸水后湿土质量/g	吸水后湿土质量/g	干土质量/g	毛管孔隙度/%	总孔隙度/%	非毛管孔隙度/%
		1							
		2							
		3							

六、注意事项

（1）环刀进入土层时勿左右摇摆，以免破坏土壤自然状态，影响容重。

（2）用小刀削平土壤时注意沿环刀截面进行，确保环刀内土壤体积等于环刀容积。

（3）步骤（4）确保土样已烘干至恒重。

（4）步骤（6）加水过程注意勿使水溢出。

（5）步骤（10）-②勿使水面漫过培养皿。

（6）步骤（10）-③确保土壤毛细管充满水。

七、思考题

（1）土壤容重、比重与孔隙度对土壤肥力有何影响？

（2）土壤容重的改变如何影响土壤紧实度的变化？

（3）为什么不同质地的土壤，其容重和总孔隙度不同？

（4）土壤中大、小孔隙比例对土壤的水分、空气状况有何影响？

实验八 土壤 pH 的测定

土壤的化学性质会影响土壤中的化学过程、物理化学过程、生物化学过程以及生物学过程。其中，土壤酸碱性是土壤的重要化学性质，是指土壤溶液中 H^+浓度和 OH^+浓度比例不同而表现出来的酸碱性质，通常用土壤溶液的 pH 表示。在化学概念上，pH 是指溶液中氢离子浓度的负对数，以公式表示为：$pH = -lg[H^+]$。这种表示方法只适用于弱电解质稀溶液，不适用于浓酸、浓碱等，土壤溶液和土壤浸出液恰好相当于弱电解质的稀溶液。pH 是土壤的一项重要化学性质，也是影响土壤肥力的因素之一，对植物生长、土壤生产力、土壤中微生物活动力、土壤矿物的溶解、土壤有机质的分解及转化以及植物对营养物质的吸收等都有较大的影响。

土壤酸碱性在污染环境及净化中起到了重要的作用。土壤呈酸性或碱性决定了污染物质的电荷特性、沉淀溶解、吸附解吸和配位解离平衡等，可改变污染物的迁移转化能力，从而改变其毒性大小。大多数土壤有机质的转化需要微生物的参与，而微生物的数量和结构与土壤的 pH 密切相关。在适宜的 pH 条件下，土壤中的微生物活性高，有机质分解快、积累少，不仅释放出更多的植物营养元素，而且对重金属离子的吸附解吸、农药固定、全球碳循环都有利；受污染土壤中的大多数重金属离子在酸性条件下以游离态或水化离子态存在，毒性较大，而在中性或碱性条件下易生成难溶的氢氧化物沉淀，毒性显著降低；持久性有机污染物五氯酚在酸性条件下性质稳定呈分子态，不易降解，而在中性和碱性环境下呈离子态，移动性强，易随水流失。

pH 的测定方法很多。其中，电位测定方法精度较高，误差在 0.02 左右；比色法的精度误差在 0.2 左右，现已成为室内测定的常规方法；野外速测常用混合指示剂比色法，其精确度较差，误差在 0.5 左右。

一、实验目的

通过实验，使学生掌握pH计的测定原理及使用方法；比较不同土壤类型、不同土水比（质量比为1∶1、1∶2.5和1∶5）时的pH，并加以讨论。

二、实验原理

（一）永久色阶比色法原理

用各种有色试剂，按不同比例混合配成模拟的pH永久色阶。以这种色阶的色谱为标准，在待测液中加入用本法配制的永久色阶溶液经显色后与其比较，即可迅速地判断出其pH。

（二）混合指示剂比色法原理

利用指示剂在不同pH的溶液中显示不同颜色的特性，可根据指示剂显示的颜色确定溶液的pH。

（三）电位测定法原理

以pH玻璃电极为指示电极、甘汞电极为参比电极，插入土壤浸出液或土壤悬液时，构成电极反应，两者之间产生一个电位差。由于参比电极的电位是固定的，该电位差的大小取决于试液中氢离子活度。氢离子活度的负对数即pH。可用电位测定其电动势，再换算成pH，也可直接用酸度计测得pH。

三、仪器和设备

白瓷板、玛瑙研钵（口径90 mm）、磁力搅拌器、pH计或电位计、玻璃电极、甘汞电极、容量瓶（100 mL、250 mL、1 000 mL）、移液管、深色滴瓶、分析天平（万分之一）、平底试管。

四、材料与试剂

（一）永久色阶比色法试剂

（1）pH 混合指示剂：称取 0.100 0 g 甲基红置于玛瑙研钵中，加入少量无水乙醇研磨，用玻璃棒引流到 100 mL 容量瓶中，加入蒸馏水定容，即为 100 mL 乙醇溶液；将 100 mL 乙醇溶液用玻璃棒引流到 500 mL 容量瓶中，加 7.4 mL 浓度为 0.05 mol/L 的 NaOH 溶液，用蒸馏水定容到 500 mL；另称取 0.1 g 溴百里酚蓝，溶于 52 mL 无水乙醇中，加 3.2 mL 浓度为 0.05 mol/L 的 NaOH 溶液，用玻璃棒引流到 250 mL 容量瓶中，用蒸馏水定容至 250 mL。将 1 份甲基红溶液和 2 份溴百里酚蓝溶液混合，即为 pH 混合指示剂，此溶液宜存放于深色滴瓶中。

（2）氯化钴溶液：称取 59.500 0 g $CoCl_2 \cdot 6H_2O$ 溶于 1 L 质量分数为 1%的 HCl 溶液中。质量分数为 1%的 HCl 溶液配制：移液管取浓盐酸（质量分数为 36%～38%，密度为 1.19 g/mL）9 mL 注入 100 mL 蒸馏水中。

（3）氯化铁溶液：称取 45.050 0 g $FeCl_3 \cdot 6H_2O$ 溶于 1 L 质量分数为 1%的 HCl 溶液中。

（4）氯化铜溶液：称取 400.000 0 g $CuCl_2 \cdot 2H_2O$ 溶于 1 L 质量分数为 1%的 HCl 溶液中。

（5）硫酸铜溶液：称取 200.000 0 g $CuSO_4 \cdot 5H_2O$ 溶于 1 L 质量分数为 1%的 H_2SO_4 溶液中。质量分数为 1%的 H_2SO_4 溶液配制：移液管取浓硫酸（质量分数为 98%）5.5 mL 注入 989.8 mL 蒸馏水中。

将配制好的（2）～（5）溶液按表 1-9 中的比例混合配成 pH 永久色阶，贮于平底试管（规格一致）中，标明 pH，加塞后蜡封保存。

表 1-9　pH 永久色阶溶液的配制

pH	$CoCl_2$ 溶液/mL	$FeCl_3$ 溶液/mL	$CuCl_2$ 溶液/mL	$CuSO_4$ 溶液/mL	H_2O/mL
4.0	9.60	0.30	—	—	0.10
4.2	9.15	0.45	—	—	0.40
4.4	8.05	0.65	—	—	1.30
4.6	7.25	0.90	—	—	1.85

pH	$CoCl_2$溶液/mL	$FeCl_3$溶液/mL	$CuCl_2$溶液/mL	$CuSO_4$溶液/mL	H_2O/mL
4.8	6.05	1.50	—	—	2.45
5.0	5.25	2.80	—	—	1.95
5.2	3.85	4.00	—	—	2.15
5.4	2.60	4.70	—	—	2.70
5.6	1.65	5.55	—	—	2.80
5.8	1.35	5.85	0.05	—	2.75
6.0	1.30	5.50	0.15	—	3.05
6.2	1.40	5.50	0.25	—	2.85
6.4	1.40	5.00	0.40	—	3.20
6.6	1.40	4.20	0.70	—	3.70
6.8	1.90	3.05	1.00	0.40	3.65
7.0	1.90	2.50	1.15	1.05	3.40
7.2	2.10	1.80	1.75	1.10	3.25
7.4	2.20	1.60	1.80	1.90	2.50
7.6	2.20	1.10	2.25	2.20	2.25
7.8	2.20	1.05	2.20	3.10	1.45
8.0	2.20	1.00	2.10	4.00	0.70

（二）混合指示剂比色法试剂

（1）pH=4～8 混合指示剂：用分析天平称取等量（0.250 0 g）的甲酚红、溴甲酚绿和溴甲酚紫三种指示剂，放在玛瑙研钵中，加 15 mL 浓度为 0.1 mol/L 的 NaOH 溶液及 5 mL 蒸馏水，共同研匀，用玻璃棒引流到 1 000 mL 容量瓶中，再用蒸馏水定容至 1 000 mL。其变色范围见表 1-10。

表 1-10　pH 4～8 混合指示剂变色范围

pH	4.0	4.5	5.0	5.5	6.0	6.5	7.0	8.0
颜色	黄	绿黄	黄绿	草绿	灰绿	灰蓝	蓝紫	紫

（2）pH=7～9 混合指示剂：用分析天平称取等量（0.250 0 g）的甲酚红和溴百里酚蓝（又名 1-甲异丙苯蓝），放在玛瑙研钵中，加入浓度为 0.1 mol/L 的 NaOH 11.9 mL，共同研匀，待完全溶解后，用玻璃棒引流到 1 000 mL 容量瓶中，再用蒸馏水定容至 1 000 mL。其变色范围见表 1-11。

表 1-11　pH 7～9 混合指示剂变色范围

pH	7	8	9
颜色	橙黄	橙红	红紫

（3）pH=4～11 混合指示剂：用分析天平称取 0.200 0 g 甲基红，0.400 0 g 溴百里酚蓝，0.800 0 g 酚酞，在玛瑙研钵中混合研匀，溶于 400 mL 质量分数为 95%的酒精中，加蒸馏水 580 mL，再加浓度为 0.1 mol/L 的 NaOH 溶液调 pH=7（草绿色），用 pH 计或标准 pH 溶液校正，用玻璃棒引流到 1 000 mL 容量瓶中，再用蒸馏水定容至 1 000 mL。其变色范围见表 1-12。

表 1-12　pH=4～11 混合指示剂变色范围

pH	4	5	6	7	8	9	10	11
颜色	红	橙	黄	草绿	绿	暗蓝	蓝紫	紫

（三）电位测定法试剂

（1）pH=4.01 标准缓冲溶液：用分析天平称取在 105℃下烘至恒重苯二甲酸氢钾（$K_2HC_8H_4O_4$）10.210 0 g，溶于水，用玻璃棒引流到 1 000 mL 容量瓶中，再用蒸馏水定容至 1 000 mL。

（2）pH=6.87 标准缓冲溶液：用分析天平称取 45℃烘干过的 KH_2PO_4 3.388 0 g 和无水 Na_2HPO_4 3.533 0 g，溶于水中，用玻璃棒引流到 1 000 mL 容量瓶中，再用蒸馏水定容至 1 000 mL。

（3）pH=9.18 标准缓冲溶液：用分析天平称取 3.800 0 g 硼砂（$Na_2B_4O_7 \cdot 10H_2O$）溶于蒸馏水中，用玻璃棒引流到 1 000 mL 容量瓶中，再用蒸馏水定容至 1 000 mL。此溶液 pH 易于变化，应注意保存于棕色密封试剂瓶内。

（4）1.0 mol/L KCl 溶液：用分析天平称取分析纯氯化钾 74.600 0 g，溶于 400 mL 水中，用质量分数为 10%的 KOH 和 HCl 溶液调节至 pH 为 5.5～6.0，用玻璃棒引流到 1 000 mL 容量瓶中，再用蒸馏水定容至 1 000 mL。

五、实验步骤

（一）永久色阶比色法步骤

取 10 mL 土壤水浸提液（水的质量：土的质量=2.5：1）置于平底试管中，滴加 12 滴混合指示剂，摇匀后即与上述配制好的永久色阶从侧面观察比较，定出 pH。

（二）混合指示剂比色法步骤

用骨勺取少量土壤样品，放于白瓷板凹槽中，加蒸馏水 1 滴，再加 pH 混合指示剂 3～5 滴，以能湿润样品而稍有余为宜，用玻璃棒充分搅拌至稍澄清，倾斜瓷板，观察溶液色度。或者用小滤纸条吸附有色溶液，与相应的土壤酸碱度比色卡进行比较，确定 pH。

（三）电位测定法步骤

仪器校准：用标准缓冲溶液检查 pH 计时，必须用 3 种不同 pH 的缓冲溶液，即 pH=4.01、pH=6.87 和 pH=9.18。先将电极插进 pH=4.01 的缓冲溶液，开启电源，调节零点和进行温度补偿后，将挡板拨至 pH 档，用“定位”调节指针至缓冲溶液的 pH。这次调节的是电极不对称电位，经过第一次缓冲溶液校正后，如电极完好或仪器已在正常情况下工作，则用第 2 个 pH=6.87 缓冲溶液检查，最后用 pH=9.18 缓冲溶液检查。允许的偏差在 0.02 以内（pH 为 7±0.02），如果产生较大的偏差，则必须更换电极或检查原因。

土壤水浸提液 pH（活性酸）的测定：称取 25.000 0 g 风干土样，置于 50 mL 烧杯中，用量筒加 25 mL 无 CO_2 蒸馏水，放在磁力搅拌器上搅动 1 min，使土体充分散开，放置 1/2 h 或 1 h 使之澄清。此时，应避免空气中有氨或挥发性酸，然后将 pH 计玻璃电极的球泡插到下部悬浊液中，并在悬浊液中轻轻摇动，以去除玻璃表面的水膜，使电极电位达到平衡。这对缓冲性弱的土壤和 pH 较高的土壤特别重要。然后将甘汞电极插到上部清液中，拧下读数开关进行 pH 测定，性能良好的 pH 计玻璃电极与悬液接触数分钟后即达到稳定读数，但对缓冲性能弱的土壤，平衡时间可能延长。

上述方法在每测一个样品后要用洗瓶轻轻将 pH 计玻璃电极表面和甘汞电极所黏附的土粒洗去，并用滤纸轻轻吸干吸附的水，再进行第 2 个样品的测定。测定 5～6 个样品后，应用 pH 标准缓冲液校正，并将甘汞电极放在饱和氯化钾溶液中浸泡 30 min 以维持顶端的氯化钾溶液充分饱和。

土壤的氯化钾盐浸提液 pH（潜性酸）的测定：当水浸提液的 pH 低于 7 时，用盐浸提液测定土壤 pH 才有意义。测定方法中除用浓度为 1 mol/L 的 KCl 溶液代替无 CO_2 蒸馏水以外，其他测定步骤与水浸提液相同。

由于盐浸提液中的钾离子和土壤接触时，会与胶体表面吸附的铝离子和氢离子发生交换反应，将其大部分交换到溶液中去，故此时所测定的盐浸出液的 pH 比水浸出液的 pH 低。此数据可大致了解土壤交换性酸度的大小和盐基饱和度的高低。

六、结果与计算

将不同方法测定土壤 pH 的比较结果记入表 1-13 中。

表 1-13 不同方法测定土壤 pH 比较结果

测定方法	土壤样品质量/g	提取液/mL	pH

七、注意事项

（1）水土比例不同对土壤 pH 有影响，以 1∶1 的水土比例对酸性土壤和碱性土壤均能得到较好的结果。建议碱性土壤可用 1∶1 的水土比例，而酸性土壤可用 1∶1 或 2.5∶1 的水土比例。

（2）土壤样品不宜磨得过细，宜用通过 18 号筛（孔径 1 mm）的土样进行测定。样品应贮存于棕色瓶中密封，以免受实验室中氨或其他酸类气体的影响。

（3）平衡时间对土壤 pH 的测定有影响。平衡时间过短或放置过久，均能引起误差。一般来说，平衡 0.5 h 是合适的。

（4）土壤溶液中 CO_2 含量的多少对其 pH 影响较大，因此，浸提液均用无 CO_2 的蒸馏水，这对于碱性土壤和中性土壤尤为重要。

（5）玻璃电极：使用前应在浓度为 0.1 mol/L 的 HCl 溶液中或蒸馏水中浸泡 24 h 以上，不用时可放在浓度为 0.1 mol/L 的 HCl 溶液中或蒸馏水中保存。长期不用可放在纸盒中保存。

（6）甘汞电极：应随时由电极侧口补充饱和 KCl 溶液或 KCl 固体。不用时可插入饱和 KCl 溶液中，不得浸泡在蒸馏水或其他溶液中。

附：PHS-3C 型酸度计使用说明。

（一）准备工作

把仪器电源线插入 220 V 交流电源，玻璃电极和甘汞电极安装在电极架上的电极夹中，将甘汞电极的引线连接在后面的参比接线柱上。安装电极时玻璃电极球泡必须比甘汞电极陶瓷芯端稍高一些，以防止球泡碰坏。甘汞电极在使用时应把上部的小橡皮塞及下端橡皮套除下，在不用时仍用橡皮套将下端套住。

在玻璃电极插头没有插入仪器的状态下，接通仪器后面的电源开关，让仪器通电预热 30 min。将仪器面板上的按键开关置于 mV 位置，调节后面板的“零点”电位器使读数显示为 0。

（二）测量电极电位

（1）按准备工作所述对仪器调零。

（2）接入电极。插入玻璃电极插头时，同时将电极插座外套向前按，插入后放开外套。插头拉不出表示已插好。拔出插头时，只要将插座外套向前按动，插头即能自行跳出。

（3）用蒸馏水清洗电极并用滤纸吸干。

（4）电极浸泡在被测溶液中，仪器的稳定读数即为电极电位（mV）值。

（三）仪器标定

在测量溶液 pH 之前必须先对仪器进行标定。一般在正常连续使用时，每天标定一次已能达到要求。但当被测定溶液有可能损害电极球泡的水化层或对测定结果有疑问时应重新进行标定。

标定分“一点”标定和“二点”标定两种。标定进行前应先对仪器调零。标定完成后，仪器的“斜率”及“定位”调节器不应再有变动。

（1）一点标定方法

①插入电极插头，按下选择开关按键使之处于 pH 位，“斜率”旋钮放在 100%

处或已知电极斜率的相应位置。

②选择一种与待测溶液 pH 比较接近的标准缓冲溶液。将电极用蒸馏水清洗并吸干后浸入标准溶液中，调节温度补偿器使其指示与标准溶液的温度相符。摇动烧杯使溶液均匀。

③调节“定位”调节器使仪器读数为标准溶液在当时温度的 pH。

（2）二点标定方法

①插入电极插头，按下选择开关按键使之处于 pH 位，“斜率”旋钮放在 100%处。

②选择两种标准溶液，测量溶液温度并查出这两种溶液与温度对应的标准 pH（假定为 pHS_1 和 pHS_2）。将温度补偿器放在溶液温度的相应位置。将电极用蒸馏水清洗并吸干后浸入第一种标准溶液中，稳定后的仪器读数为 pH_1。

③再将电极用蒸馏水清洗并吸干后浸入第二种标准溶液中，仪器读数为 pH_2。计算“斜率 S”（$S=[(pH_1-pH_2)/(pHS_1-pHS_2)]\times100\%$），然后将“斜率”旋钮调到计算出来的 S 值相对应位置，再调节定位旋钮使仪器读数为第二种标准溶液的 pH。

④再将电极浸入第一种标准溶液，如果仪器显示值与 pHS_1 相符则标定完成。如果不符，则分别将电极依次再浸入这两种溶液中，在读数显示约为 7 的溶液中时调“定位”，在另一溶液中时调“斜率”，直至两种溶液都能相符为止。

（四）测量 pH

（1）已经标定过的仪器即可用来测量被测溶液的 pH，测量时“定位”及“斜率”调节器应保持不变，“温度补偿”旋钮应指示在溶液温度位置。

（2）将清洗过的电极浸入被测溶液，摇动烧杯使溶液均匀，稳定后的仪器读数即为该溶液的 pH。

八、思考题

（1）土壤 pH 对土壤污染有何影响？

（2）用永久色阶比色法、混合指示剂比色法、电位测定法测定土壤 pH 有何不同，哪一种方法的准确度高？

（3）利用蒸馏水提取液和盐提取液测定 pH 有何差别？原因是什么？

（4）土壤 pH 与交换酸度有何关系？

（5）为什么一般土壤的水解酸度大于交换酸度？

实验九　土壤有机质的测定

土壤有机质是土壤中各种含碳有机化合物的总称，是植物养分的重要来源，如碳、氮、磷、硫等。作为土壤的重要组成部分，它在土壤中的含量因土壤类型的不同而有较大差异，含量高的可达 200 g/kg 或 300 g/kg 以上（如泥炭土或某些肥沃的森林土壤等），含量低的不足 10 g/kg 或 5 g/kg（如荒漠土和风沙土）。

土壤有机质主要以三种形态存在于土壤中：一是分解很少，仍保持原形态学特征的动植物残体；二是动植物残体的半分解产物及微生物代谢产物；三是有机质的分解和合成而形成的较稳定的高分子化合物——腐殖酸类化合物。尽管有机质仅占土壤组成的 5%左右，但它能促进土壤结构的形成，改善土壤的物理、化学性质及生物学过程，提高土壤的吸收和缓冲性能，对土壤结构的形成和土壤物理状况的改善起着决定性作用。一方面，有机质矿化过程不仅为微生物活动提供能源，也为植物生长提供所需的各种营养元素，而且有机质的胶体特性和弱酸性，还能使土壤具有保肥和缓冲性。另一方面，土壤有机质中的腐殖酸是一种胶结剂，可使土壤形成稳定的团粒结构，降低土壤黏性，提高土壤的通透性和可耕性，有利于土壤持水保墒。另外，土壤有机质在受污染的生态环境中可以降低或延缓重金属污染，对有机污染物具有固定作用，其分解和积累速率的变化直接影响全球碳平衡，碳平衡被认为是影响全球温室效应的主要因素。因此，土壤有机质是判断土壤肥力高低的重要指标，也是调节环境污染的重要物质。

土壤有机质测定方法根据原理不同，主要分为两类：第一类是燃烧法，主要包括干烧法和灼烧法；第二类是化学氧化法，主要包括湿烧法、重铬酸钾容量法和比色法。燃烧法和化学氧化法，是根据有机碳释放的 CO_2 量或者氧化有机碳消耗的氧化剂的量来确定有机质含量，是一种碳成分的直接测定法。随着对土壤深入的研究和高光谱技术的发展，在研究土壤光谱特征的基础上，通过对土壤有机质光谱特点的分析，可实现对有机质含量的预测。其相对土壤有机碳直接测定法而言，是一种有机质间接测定法。根据测定有机质过程中所检测原理的不同，有机质测定方法主要分为 CO_2 检测法、化学氧化法、灼烧法和土壤光谱法。

本实验所指的有机质是土壤有机质的总量，包括半分解的动植物残体、微生物生命活动的各种产物及腐殖质，另外还包括少量能通过 0.25 mm 筛孔的未分解的动植物残体。如果要测定土壤腐殖质的含量，应尽可能地去除样品中的植物根系及其他有机残体。

一、实验目的

通过土壤有机质测定，使学生了解土壤有机质与土壤碳库之间的关系，掌握土壤有机质的测定方法。

二、实验原理

用一定量的氧化剂（重铬酸钾-硫酸溶液）氧化土壤中的有机碳，剩余的氧化剂用还原剂（硫酸亚铁铵或硫酸亚铁）滴定，这样可从消耗的氧化剂数量，计算出有机碳的含量。本方法只能氧化 90%的有机碳，故测得的有机碳含量要乘以校正系数 1.1。

氧化及滴定时的化学反应如下：

$$2K_2Cr_2O_7 + 3C + 8H_2SO_4 \longrightarrow 2K_2SO_4 + 2Cr_2(SO_4)_3 + 3CO_2 + 8H_2O$$

$$K_2Cr_2O_7 + 6FeSO_4 + 7H_2SO_4 \longrightarrow K_2SO_4 + Cr_2(SO_4)_3 + 3Fe_2(SO_4)_3 + 7H_2O$$

三、仪器和设备

分析天平（万分之一）、电砂浴、磨口三角瓶（150 mL）、磨口简易空气冷凝管（直径 0.9 cm、长 19 cm）、定时钟、自动调零滴定管（10.00 mL、25.00 mL）、小型日光滴定台、温度计（200℃～300℃）、铜丝筛（孔径 1 mm、0.25 mm）、瓷研钵（口径 90 mm）。

四、材料与试剂

（1）0.4 mol/L 重铬酸钾-硫酸溶液（分析纯）：使用分析天平称取重铬酸钾

39.230 0 g，溶于 600～800 mL 蒸馏水中，待完全溶解后，采用玻璃棒引流到 1 L 容量瓶中，加蒸馏水定容至 1 L，将溶液移入 3 L 大烧杯中；另取 1 L 比重为 1.84 的浓硫酸，慢慢地倒入 1 L 重铬酸钾水溶液内，不断搅动，为避免溶液急剧升温，每加约 100 mL 硫酸后稍停片刻，并把大烧杯放在盛有冷水的盆内冷却，待溶液的温度降到不烫手时再继续加入硫酸，直到全部加完为止。

(2)邻菲罗啉指示剂:使用分析天平称取邻菲罗啉 1.485 0 g 溶于含有 0.695 0 g 硫酸亚铁的 100 mL 水溶液中。此指示剂易变质，应密闭保存于棕色瓶中备用。

（3）硫酸银（分析纯）：研成粉末。

（4）二氧化硅（分析纯）：粉末状。

（5）重铬酸钾标准溶液：使用分析天平称取经 130℃烘干 1.5 h 的优级纯重铬酸钾 9.807 0 g，先用少量水溶解，采用玻璃棒引流到 1 L 容量瓶中，加蒸馏水定容至 1 L。此溶液浓度 C（1/6 $K_2Cr_2O_7$）= 0.200 mol/L。

（6）硫酸亚铁标准溶液：称取硫酸亚铁 56.000 0 g，溶于 600～800 mL 水中，加浓硫酸 20 mL，搅拌均匀，采用玻璃棒引流到 1 L 容量瓶中，加蒸馏水定容至 1 L（必要时过滤），贮于棕色瓶中保存。此溶液易受空气氧化，使用时必须每天标定一次准确浓度。

（7）硫酸亚铁标准溶液的标定方法：吸取重铬酸钾标准溶液 20 mL，放入 150 mL 三角瓶中，加浓硫酸 3 mL 和邻菲罗啉指示剂 3～5 滴，用硫酸亚铁溶液滴定，根据硫酸亚铁溶液的消耗量，计算硫酸亚铁标准溶液浓度。

$$C_2 = \frac{C_1 \times V_1}{V_2} \tag{1-19}$$

式中，C_2 —— 硫酸亚铁标准溶液的浓度，mol/L；

C_1 —— 重铬酸钾标准溶液的浓度，mol/L；

V_1 —— 吸取的重铬酸钾标准溶液的体积，mL；

V_2 —— 滴定时消耗硫酸亚铁溶液的体积，mL。

五、实验步骤

（1）选取有代表性的风干土壤样品，用镊子挑除植物根叶等有机残体，然后用木棍把土块压细，使之通过 1 mm 筛。充分混匀后，从中取出试样 10.000 0～20.000 0 g，磨细，并全部通过 0.25 mm 筛，装入磨口瓶中备用。

（2）对新采回的水稻土或长期处于渍水条件下的土壤，必须在土壤晾干压碎后，平摊成薄层，每天翻动一次，在空气中暴露一周左右后才能磨样。

（3）按表 1-14 有机质含量的规定，使用分析天平称取制备好的风干土样 0.050 0～0.500 0 g，置入 150 mL 三角瓶中，加粉末状的硫酸银 0.100 0 g，然后用自动调零滴定管，准确加入浓度为 0.4 mol/L 的重铬酸钾-硫酸溶液 10.00 mL 后摇匀。

不同土壤有机质含量的称样量规定见表 1-14。

表 1-14　不同土壤有机质含量的称样量

有机质含量/%	试样质量/g
2 以下	0.4～0.5
2～7	0.2～0.3
7～10	0.1
10～15	0.05

（4）将盛有试样的三角瓶上装一支简易空气冷凝管，移置已预热到 200℃～230℃的电砂浴上加热（图 1-1）。当简易空气冷凝管下端落下第一滴冷凝液，开始记时，消煮（5±0.5）min。

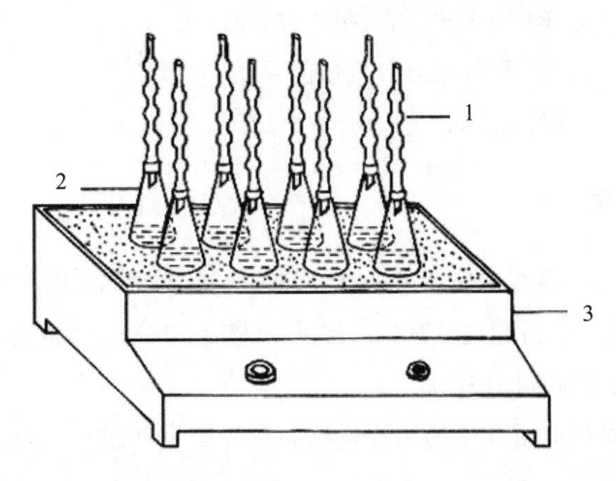

1—简易空气冷凝管；2—三角瓶；3—电砂浴

图 1-1　消煮装置

（5）消煮完毕后，将三角瓶从电砂浴上取下，冷却片刻，用水冲洗冷凝管内壁及底端外壁，使洗涤液流入原三角瓶，瓶内溶液的总体积应控制在 60～80 mL为宜，加 3～4 滴邻菲罗啉指示剂，用硫酸亚铁标准溶液滴定剩余的重铬酸钾。溶液的变色过程是先由橙黄变为蓝绿，再变为棕红，即达终点。如果试样滴定所用硫酸亚铁标准溶液的毫升数不到空白标定所耗硫酸亚铁标准溶液毫升数的 1/3，则应减少土壤称样量，重新测定。

（6）每批试样测定必须同时做 2～3 个空白标定。使用分析天平取 0.500 0 g粉末状二氧化硅代替试样，其他步骤与试样测定相同，取其平均值。

六、结果与计算

土壤有机质含量 X（按烘干土计算）按式（1-20）计算：

$$X = \frac{(V_0 - V) \times C_2 \times 0.003 \times 1.742 \times 100}{m} \tag{1-20}$$

式中，X —— 土壤有机质含量，%；

V_0 —— 空白滴定时消耗硫酸亚铁标准溶液的体积，mL；

V —— 测定试样时消耗硫酸亚铁标准溶液的体积，mL；

C_2 —— 硫酸亚铁标准溶液的浓度，mol/L；

0.003 —— 1/4 碳原子的摩尔质量，g/mol；

1.742 —— 由有机碳换算为有机质的系数；

m —— 烘干土样的质量，g。

七、注意事项

（1）允许差：当土壤有机质含量小于 1%时，平行测定结果的差不得超过 0.05%；含量为 1%～4%时，不得超过 0.10%；含量为 4%～7%时，不得超过 0.30%；含量在 10%以上时，不得超过 0.50%。

（2）不同土壤有机质含量的称样量需要预先查资料进行预测，或者在实验过程中加以调整。

（3）硫酸亚铁标准溶液使用时必须每天标定一次准确浓度。

八、思考题

（1）重铬酸钾容量法测定土壤有机质的原理是什么？

（2）水合热氧化有机质的重铬酸钾容量法和外加热氧化有机质的重铬酸钾容量法，测定总有机碳的测出率是多少？试比较其优缺点。

实验十 土壤碱解氮的测定

土壤中氮素绝大部分为有机结合形态，无机形态的氮一般占全氮的1%～5%。土壤有机质和氮素的消长，主要取决于生物积累和分解作用的相对强弱、气候、植被、耕作制度等因素，特别是水、热条件，对土壤有机质和氮素含量有显著的影响。土壤中的有机态氮可以分为半分解的有机质、微生物躯体和腐殖质，主要是腐殖质。土壤中的有机态氮大部分必须经过土壤微生物的转化作用，变成无机态的氮，才能被植物吸收利用。有机态氮的矿化作用随季节而变化。一般来讲，由于土壤质地不同，有1%～3%的氮释放出来供植物吸收利用。无机态氮主要是铵态氮和硝态氮，有时有少量亚硝态氮存在。土壤中硝态氮和铵态氮的含量变化较大。还有一部分氮（主要是铵离子）固定在矿物晶格内称为固态氮，这种固定态的氮素一般不能为水或盐溶液提取，也较难被植物吸收利用。

土壤有效氮包括无机的矿物态氮和部分有机质中易分解的、比较简单的有机态氮。它是铵态氮、硝态氮、氨基酸、酰胺和易水解的蛋白质氮的总和，通常也称水解氮，能够反映土壤近期的氮素供应情况。水解氮的测定方法有酸水解和碱水解两种。酸水解测定有机质缺乏和石灰性土壤中的水解氮。碱水解有碱解扩散法和碱解蒸馏法两种。碱解扩散法是碱解、扩散和吸收反应同时进行，其操作较为简单、分析速度较快、结果的再现性也较好，不仅能测出土壤中氮的供应强度，也能看出氮的供应容量和释放速率。

一、实验目的

通过对土壤碱解氮含量的测定，使学生了解土壤碱解氮含量与作物生长的关系，掌握碱解扩散法测定碱解氮的原理以及测定过程中的控制因素等。

二、实验原理

扩散法是用扩散皿进行的。扩散皿分为内、外两室，内室盛硼酸溶液，外室放有土壤样品，加浓度为 1.0 mol/L 的 NaOH 溶液于外室水解土壤，使易水解态氮（潜在有效氮）碱解转化为 NH_3，NH_3 扩散后为 H_3BO_3 所吸收。H_3BO_3 吸收液中的 NH_3 再用标准酸滴定，由此计算土壤中碱解氮的含量。

三、仪器和设备

扩散皿（ϕ100 mm）、半微量滴定管（10 mL）、恒温箱、分析天平（万分之一）、容量瓶（1 000 mL、5 000 mL）、18 号筛（1 mm）、移液管。

四、材料与试剂

药品：NaOH（化学纯）、H_3BO_3（化学纯）、甲基红、溴甲酚绿、H_2SO_4（化学纯）、阿拉伯胶、甘油、K_2CO_3。

配制方法：

NaOH 溶液：采用分析天平称取 NaOH（化学纯）40.000 0 g 溶于水，冷却后用玻璃棒引流到 1 000 mL 容量瓶中，加蒸馏水定容至 1 000 mL。

H_3BO_3 指示剂溶液：20 g H_3BO_3（化学纯） 溶于 1 L 水中，每升 H_3BO_3 溶液中加入甲基红-溴甲酚绿混合指示剂 5 mL 并用稀酸或稀碱调节至微紫红色，此时该溶液的 pH 为 4.8。指示剂用前与硼酸混合，此试剂宜现配，不宜久放。

H_2SO_4 标准溶液：使用移液管量取 H_2SO_4（化学纯）2.83 mL，采用玻璃棒引流到 5 000 mL 容量瓶中，加蒸馏水定容至 5 000 mL，然后用标准碱或硼酸标定，此为浓度为 0.02 mol/L 的 1/2 H_2SO_4 标准溶液，再将此标准液准确地稀释 4 倍，即得浓度为 0.005 mol/L 1/2 H_2SO_4 的标准液。

碱性胶液：取阿拉伯胶 40.000 0 g 和水 50 mL 在烧杯中温热至 70～80℃，搅拌促溶，约 1 h 后放冷。加入甘油 20 mL 和饱和 K_2CO_3 水溶液 20 mL，搅拌、放冷。采用离心机（3 000 r/min）离心 10 min，除去泡沫和不溶物，上清液贮于具塞玻瓶中备用。

五、实验步骤

（1）采用分析天平称取通过 18 号筛（1 mm）的风干土样 2.000 0 g，置于洁净的扩散皿外室，轻轻旋转扩散皿，使土样均匀地铺平。同时，使用洁净的石英砂，做空白对照实验。

（2）使用移液管量取 H_3BO_3 指示剂溶液 2 mL 放于扩散皿内室，然后在扩散皿外室边缘涂碱性胶液，盖上毛玻璃，旋转数次，使扩散皿边缘与毛玻璃完全黏合。再渐渐转开毛玻璃一边，使扩散皿外室露出一条狭缝，迅速加入 10.0 mL 浓度为 1 mol/L 的 NaOH 溶液，立即盖严，轻轻旋转扩散皿，让碱溶液盖住所有土壤。再用橡皮筋圈紧，使毛玻璃固定。随后小心平放在（40±1）℃恒温箱中，碱解扩散（24±0.5）h 后取出（可以观察到内室应为蓝色），内室吸收液中的 NH_3 用浓度为 0.005 mol/L 或 0.01 mol/L 的 1/2 H_2SO_4 标准液滴定。

六、结果计算

碱解氮含量计算公式如下：

$$N = \frac{[c(V - V_0) \times 14.0]}{m} \times 10^3 \tag{1-21}$$

式中，N —— 碱解氮含量，mg/kg；

c —— 0.005 mol/L 1/2 H_2SO_4 标准溶液的浓度，mol/L；

V —— 样品滴定时用去的 0.005 mol/L 1/2 H_2SO_4 标准液体积，mL；

V_0 —— 空白实验滴定时用去的 0.005 mol/L 1/2 H_2SO_4 标准液体积，mL；

14.0 —— 氮原子的摩尔质量，g/mol；

m —— 样品质量，g；

10^3 —— 换算系数。

两次平行测定结果允许绝对相差为 5 mg/kg。

七、注意事项

（1）配制非常准确的浓度为 0.005 mol/L 的 1/2 H_2SO_4 标准液，可以吸取一定量的 NH_4^+-N 标准溶液，在样品测定的同时，用相同条件的扩散法标定。例如，吸取浓度为 5.00 mg/kg 的 NH_4^+-N 标准溶液（含 NH_4^+-N 0.250 mg）放入扩散皿外室，碱化后扩散释放的 NH_3 经 H_3BO_3 吸收后，如滴定用去配好的稀标准 H_2SO_4 液 3.51 mL，则标准 H_2SO_4 的浓度为：

$$c(\frac{1}{2}H_2SO_4)=\frac{0.000\,25}{3.51\times0.014}=0.005\,08\ mol/L$$

（2）如果要将土壤中的 NO_3^--N 包括在内，测定时需加 $FeSO_4\cdot7H_2O$ 粉末，并以 Ag_2SO_4 为催化剂，使 NO_3^--N 还原为 NH_3。而 $FeSO_4$ 本身要消耗部分 NaOH，所以测定时所用 NaOH 溶液的浓度需提高。例如，2 g 土加 10 mL 浓度为 1.07 mol/L 的 NaOH、$FeSO_4\cdot7H_2O$ 0.2 g、饱和 $AgSO_4$ 溶液 0.1 mL 进行碱解还原。

（3）由于胶液的碱性很强，在涂胶液和洗涤扩散皿时，必须特别细心，慎防污染内室，造成错误。

（4）滴定时要用小玻璃棒小心搅动吸收液，切不可摇动扩散皿。

八、思考题

（1）土壤中的氮有哪些形态？其相互关系如何？测定时应注意什么问题？

（2）水解性氮还有哪几种测定方法？几种测定方法之间的区别是什么？哪一种方法准确度高？

实验十一 土壤速效磷的测定

土壤全磷量是指土壤中各种形态磷的总和。由于土壤中大量游离碳酸钙的存在，大部分的磷成为难溶性的磷酸钙盐。土壤速效磷含量是指能为当季作物吸收的磷量。植物吸收磷，首先取决于溶液中磷的浓度（强度因素），浓度高则植物吸收的磷就多。当植物从溶液中吸收磷时，溶液中磷的浓度降低，则固相磷不断补给以维持溶液中磷的浓度不降低，这就是土壤的磷供应容量。测定土壤速效磷含量，能够比较全面地说明土壤磷素肥力的供应状况，而土壤速效磷的供应状况，对于施肥有着直接的指导意义。土壤速效磷的测定方法很多，有生物方法、化学速测方法、同位素方法、阴离子交换树脂方法等，最常见的测定方法是化学速测方法。

一、实验目的

通过土壤速效磷的测定，使学生了解土壤速效磷的供应状况，对合理施肥提供指导，同时掌握其测定原理和测定方法。

二、实验原理

本法适用于固定磷能力较强的酸性土壤，如土壤有机质含量较低、pH 小于 6.5、阳离子交换量小于 100 cmol/kg 的土壤。首先提取剂中的阴离子从固相上置换磷酸根，然后加钼酸铵于含磷溶液中，在一定酸度的条件下，溶液中的正磷酸与钼酸络合形成磷钼杂多酸。再通过加入含锑溶液，使其反应生成磷锑钼三元杂多酸，该物质在室温下能迅速被抗坏血酸还原为蓝色的络合物。通过紫外分光光度计测定光密度，计算土壤速效磷的含量。

三、仪器和设备

土壤筛（20 目）、分析天平（万分之一）、紫外分光光度计、三角瓶（100 mL）、振荡器、容量瓶（1 000 mL、2 000 mL）、移液管（1 mL、25 mL）、漏斗、烧杯（100 mL）。

四、材料与试剂

药品：HCl（分析纯）、H_2SO_4（分析纯）、抗坏血酸、钼酸铵[$(NH_4)_6Mo_7O_{24}\cdot 4H_2O$]、酒石酸氧锑钾[$K(SbO)C_4H_4O_6\cdot 1/2H_2O$]、磷酸二氢铵（$NH_4HPO_4$）。

配制方法：

提取剂：使用移液管精确量取浓 HCl 4 mL 和浓 H_2SO_4 0.7 mL，使用玻璃棒小心引流入 1 000 mL 容量瓶中，加蒸馏水定容。

抗坏血酸溶液：使用分析天平称取抗坏血酸 176.000 0 g 溶解于水中，使用玻璃棒小心引流入 2 000 mL 容量瓶中，加蒸馏水定容至 2 000 mL。贮于棕色瓶中，最好保存在冰箱中。

硫酸-钼酸铵溶液：使用分析天平称取钼酸铵 100.00 g 溶解于 500 mL 水中。再溶解酒石酸氧锑钾 2.425 0 g 于钼酸铵溶液中，然后加入浓 H_2SO_4 1 400 mL，充分混匀，冷却后，使用玻璃棒小心引流入 2 000 mL 容量瓶中，加蒸馏水定容至 2 000 mL。贮于塑料瓶中，放在暗处。

工作溶液：工作溶液需要每天制备，即吸取抗坏血酸溶液 10 mL 和硫酸-钼酸铵溶液 20 mL，使用玻璃棒小心引流入 1 000 mL 容量瓶中，加提取剂定容至 1 000 mL。工作溶液配好后放置 2 h 再使用。

磷标准溶液：使用分析天平称取磷酸二氢铵 3.850 0 g 溶解于 1 L 提取剂中，此溶液为 1 000 μg/mL 磷标准溶液。将此标准磷溶液用提取剂稀释，分别制成质量浓度为 1 μg/mL、2 μg/mL、5 μg/mL、10 μg/mL、15 μg/mL 和 20 μg/mL 的磷标准系列溶液。

五、实验步骤

使用分析天平称取过 20 目的土壤样品 5.000 0 g，放入 50 mL 三角瓶中，加入 25 mL 提取剂，在振荡器上振荡 5 min，过滤。

吸取滤液 1 mL，加入工作溶液 24 mL，摇匀，放置 0.5 h 后在分光光度计上用 700 nm 波长进行比色（用浸提剂空白调零）。读取吸收值 A，从标准曲线上查得待测液中磷的浓度。

标准曲线绘制：分别准确吸取质量浓度为 1 μg/mL、2 μg/mL、5 μg/mL、10 μg/mL、15 μg/mL 和 20 μg/mL 的磷标准液 1 mL 分别加入 24 mL 工作溶液，摇匀，放置 0.5 h 后进行比色，绘制标准曲线，最后溶液中磷的质量浓度分别为 0.04 μg/mL、0.08 μg/mL、0.2 μg/mL、0.4 μg/mL、0.6 μg/mL、0.8 μg/mL。

六、结果计算

土壤有效磷质量按式（1-22）计算：

$$\omega(\rho)=\frac{\rho\times v\times t_s}{m}\times 10^{-6}\times 100\% \tag{1-22}$$

式中，$\omega(\rho)$—— 土壤有效磷质量分数，%；

ρ—— 从工作曲线查得显色液中磷的质量浓度，μg/mL；

v—— 显色液体积，mL；

t_s—— 分取倍数，浸提液总体积/吸取浸出液体积；

m—— 风干土质量，g。

七、注意事项

（1）风干土壤样品贮存数月不会影响速效磷的提取，但放置时间过长会有影响。含磷的提取溶液应在 24 h 内进行磷的测定，不要放置时间过长。

（2）钼锑抗法显色度 20 min 达到最高，而且稳定在 24 h 内不变。

（3）测定的波长在条件许可情况下，最好选用 882 nm。

八、思考题

土壤速效磷测定方法中除化学速测法使用最多以外，还经常用到哪些方法？其优缺点分别是什么？

实验十二　土壤速效钾的测定

在植物生长发育过程中，钾参与酶系统的活化、光合作用、同化产物的运输、碳水化合物的代谢和蛋白质的合成等过程，可以增强作物的抗逆性和抗病能力，并提高了作物对氮的吸收利用。植物体内钾含量一般占其干物质重的 0.2%～4.1%，仅次于氮。钾在土壤中以 4 种不同形式存在：水溶态钾、非交换性钾、交换性钾和矿物钾。植物生长主要是吸收土壤溶液中的速效钾（包括吸附于颗粒表面的钾和溶液钾）。测定土壤速效钾含量能真实反映土壤钾素的供应能力，对实际生产中进行配方施肥具有重要意义。

一、实验目的

通过学习土壤速效钾的测定方法，要求学生掌握火焰光度计的使用方法，掌握实验原理和基本操作步骤。

二、实验原理

采用火焰光度计法。以醋酸铵作浸提剂，将土壤胶体上的 K^+、Na^+、Mg^{2+}等代换性阳离子代换下来。浸提液中的钾离子可用火焰光度计直接测定。为了抵消醋酸铵的干扰，标准钾溶液也需要用浓度为 1 mol/L 的醋酸铵配制。

三、仪器和设备

火焰光度计、振荡机、天平（0.01 g）、分析天平（万分之一）、三角瓶（100 mL、1 000 mL）、容量瓶（100 mL）、量筒（50 mL）、漏斗。

四、材料与试剂

（1）1 mol/L 中性醋酸铵溶液：采用天平称取化学纯醋酸铵 77.09 g，溶于蒸馏水后稀释至近 1 000 mL，此溶液应呈中性。取出 50 mL 溶液加入浓度为 0.04% 的溴百里酚蓝指示剂，如呈绿色则为中性，黄或蓝色表明过酸或过碱，应用稀醋酸或 1∶1 浓氨水调节至中性，使用玻璃棒引流入 1 000 mL 容量瓶中，加蒸馏水定容至 1 000 mL。

（2）钾标准溶液：采用分析天平准确称取经过 105℃烘干 4～6 h 的分析纯氯化钾 0.190 7 g，溶于中性醋酸铵溶液中，使用玻璃棒引流入 1 000 mL 容量瓶中，加蒸馏水定容至 1 000 mL，此液即浓度为 100 mg/kg 的钾标准溶液。

（3）标准曲线的绘制：分别吸取浓度为 100 mg/kg 的钾标准液 0 mL、2.5 mL、5 mL、10 mL、15 mL、20 mL、40 mL 于 100 mL 容量瓶中，用浓度为 1 mol/L 的中性醋酸铵溶液定容，摇匀，即得质量浓度分别为 0 mg/kg、2.5 mg/kg、5 mg/kg、10 mg/kg、15 mg/kg、20 mg/kg、40 mg/kg 的钾标准系列溶液，然后在火焰光度计上依次进行测定，以检流计读数为纵坐标，钾浓度为横坐标，绘制标准曲线。

五、实验步骤

采用分析天平称取通过 1 mm 筛孔的风干土样 5.000 0 g 于 100 mL 三角瓶中，加入 1 mol/L 中性醋酸铵溶液 50 mL，用橡皮塞塞紧，振荡 15 min，立即过滤，滤液承接于小三角瓶中，直接在火焰光度计上测定，记录检流计的读数，然后从标准曲线上查得待测钾浓度（mg/L）。

六、结果与计算

通过标准曲线上查得待测钾浓度，土壤速效钾按式（1-23）计算：

$$土壤速效钾（K，mg/kg）=（C\times V）/风干土重 \qquad (1\text{-}23)$$

式中，C —— 标准曲线上查出试液中钾的浓度，mg/L；

V —— 浸提液体积，mL。

七、注意事项

（1）醋酸铵提取剂必须是中性的，土壤样品加入醋酸铵溶液后不宜放置过久，否则可能有一部分矿物钾转入溶液中，使速效钾含量偏高。

（2）用醋酸铵配制的钾标准溶液不能放置过久，否则会影响测定结果。

八、思考题

（1）土壤中钾有哪些形态？其相互关系如何？

（2）土壤速效钾的概念是什么？它与有效钾有何区别？

实验十三　土壤阳离子交换量的测定

当土壤用一种盐溶液（如醋酸铵）淋洗时，土壤具有吸附溶液中阳离子的能力，同时释放出等量的其他阳离子（如 Ca^{2+}、Mg^{2+}、K^{+}、Na^{+}等），这些阳离子称为交换性阳离子。在交换中还可能有少量的金属微量元素和铁、铝。Fe^{3+}（Fe^{2+}）盐类容易生成难溶性的氢氧化物或氧化物，一般不作为交换性阳离子。

土壤阳离子交换量是影响土壤缓冲能力、评价土壤保肥能力、改良土壤和合理施肥的重要依据，也是高产稳产农田肥力的重要指标，在土壤理化性质的研究中非常重要。土壤吸附阳离子的能力用吸附的阳离子总量表示，称为阳离子交换量，其数值以厘摩尔每千克（cmol/kg）表示。阳离子交换量的测定受多种因素影响，如交换剂的性质、盐溶液的浓度和 pH 等。交换剂溶液的 pH 是影响阳离子交换量的重要因素。指示阳离子常包括 NH_4^{+}、Na^{+}、Ba^{2+}或 H^{+}，各种离子的置换能力为 $Al^{3+}>Ba^{2+}>Ca^{2+}>Mg^{2+}>H^{+}>NH_4^{+}>K^{+}>Na^{+}$。酸性及中性土壤用乙酸铵交换法测定阳离子交换量；碱性土壤用乙酸钠火焰光度法、乙酸钙-盐酸交换法、氯化铵-乙酸铵交换法等测定阳离子交换量。

一、实验目的

通过测定阳离子交换量，使学生掌握不同 pH 的土壤类型的测定方法和测定原理，了解阳离子交换量在改良土壤和合理施肥中的作用。

二、实验原理

酸性土壤阳离子交换量的测定方法 —— 乙酸铵交换法：用浓度为 1 mol/L 的乙酸铵（pH=7.0）反复处理土壤，使土壤成为 NH_4^{+}饱和土。用浓度为 95%的乙醇洗去多余的乙酸铵后，用水将土壤洗入开氏瓶中，加固体氧化镁蒸馏。蒸馏出的氨用硼酸溶液吸收，然后用盐酸标准溶液滴定。根据NH_4^+的含量计算土壤的阳离子交换量。

酸性土壤阳离子交换量的测定方法——$BaCl_2$-$MgSO_4$（强迫交换）法：向土壤中加入$BaCl_2$溶液，然后将经Ba^{2+}饱和的土壤用稀$BaCl_2$溶液洗去大部分交换剂之后，离心称重，计算残留稀$BaCl_2$溶液的量。再用定量的标准$MgSO_4$溶液交换土壤复合体中的Ba^{2+}。调节交换后悬浊液的电导率使之与离子强度参比液一致，从加入Mg^{2+}总量中减去残留于悬浊液中Mg^{2+}的量，即为该样品的阳离子交换量。

石灰性土和盐碱土阳离子交换量的测定方法——乙酸钠火焰光度法：用 pH 为 8.2 的乙酸钠溶液（1 mol/L）处理土壤，使其Na^+饱和。洗除多余的 NaOAc 后，以NH_4^+将交换性Na^+交换出来，测定Na^+以计算交换量。在操作过程中，用醇洗去多余的 NaOAc 时，交换性Na^+倾向于水解进入溶液而损失，因此洗涤过多将产生负误差；如果减少淋洗次数，则会因残留交换剂而提高交换量。只有当两个误差互相抵消，才能得到良好的结果。试验证明，醇洗 3 次，一般可使误差降到最低值。

三、仪器和设备

电导仪、pH 计、火焰光度计、电动离心机（转速 3 000～4 000 r/min）、离心管（100 mL）、凯氏烧瓶（150 mL）、蒸馏装置、分析天平（万分之一）、容量瓶（100 mL、1 000 mL）、锥形瓶（250 mL）、塑料瓶、棕色瓶。

四、材料与试剂

（1）乙酸铵溶液（pH=7.0）：采用分析天平称取乙酸铵（CH_3OONH_4，化学纯）77.090 0 g 用水溶解，稀释至近 1 L。如 pH 不为 7.0，则用 1∶1 氨水或稀乙酸调节至 pH 为 7.0，然后用玻璃棒引流入 1 000 mL 容量瓶中，用蒸馏水定容至 1 000 mL。

（2）浓度为 95%的乙醇溶液（工业用，必须无NH_4^+）。

（3）液体石蜡（化学纯）。

（4）甲基红-溴甲酚绿混合指示剂：采用分析天平称取溴甲酚绿 0.099 0 g 和甲基红 0.066 0 g 于玛瑙研钵中，加少量质量分数为 95%的乙醇，研磨至指示剂完全溶解为止，用玻璃棒引流入 100 mL 容量瓶中，加质量分数为 95%的乙醇定容至 100 mL。

（5）硼酸指示剂溶液：采用分析天平称取硼酸（H_3BO_3，化学纯）20.000 0 g，溶于 1 L 蒸馏水中。每升硼酸溶液中加入甲基红-溴甲酚绿混合指示剂 20 mL，并用稀酸或稀碱调节至紫红色（葡萄酒色），此时该溶液的 pH 为 4.5。

（6）0.05 mol/L 盐酸标准溶液：使用移液管量取浓盐酸 4.5 mL 注入 1 L 蒸馏水中，充分混匀，用硼砂标定。标定剂硼砂（$Na_2B_4O_7·10H_2O$，分析纯）必须保存于相对湿度为 60%～70%的空气中，以确保硼砂含 10 个结合水，通常可在干燥器的底部放置氯化钠和蔗糖的饱和溶液（并有二者的固体存在），密闭容器中空气的相对湿度即为 60%～70%。

采用分析天平称取硼砂 2.382 5 g 溶于蒸馏水中，用玻璃棒引流入 250 mL 容量瓶中，用蒸馏水定容至 250 mL，得浓度为 0.05 mol/L 1/2 $Na_2B_4O_7$ 的标准溶液。吸取上述溶液 25.00 mL 于 250 mL 锥形瓶中，加 2 滴溴甲酚绿-甲基红指示剂（或 0.2%甲基红指示剂），用配好的浓度为 0.05 mol/L 的盐酸溶液滴定至溶液变酒红色即为终点（甲基红的终点为由黄突变为微红色）。同时做空白试验。盐酸标准溶液的浓度按下式计算，取 3 次标定结果的平均值。

$$C_1 = \frac{C_2 \times V_2}{V_1 \times V_0} \tag{1-24}$$

式中，C_1 —— 盐酸标准溶液的浓度，mol/L；

V_1 —— 盐酸标准溶液的体积，mL；

V_0 —— 空白试验用去盐酸标准溶液的体积，mL；

C_2 —— 1/2 $Na_2B_4O_7$ 标准溶液的浓度，mol/L；

V_2 —— 用去 1/2 $Na_2B_4O_7$ 标准溶液的体积，mL。

（7）pH=10 缓冲溶液：使用分析天平称取氯化铵（化学纯）67.500 0 g 溶于无二氧化碳的水中，加入新开瓶的浓氨水（化学纯，ρ=0.9 g/mL，含氨 25%）570 mL，用玻璃棒引流入 1 000 mL 容量瓶中，用蒸馏水定容至 1 000 mL，贮于塑料瓶中，并注意防止吸收空气中的二氧化碳。

（8）K-B 指示剂：使用分析天平称取酸性铬蓝 K 0.500 0 g 和萘酚绿 B 1.000 0 g，与 105℃烘干的氯化钠 100 g 一起研细磨匀，越细越好，贮于棕色瓶中。

（9）固体氧化镁：将氧化镁（化学纯）放在镍蒸发皿或坩埚内，在 500～600℃

高温电炉中灼烧 30 min，冷却后贮藏在密闭的玻璃器皿内。

（10）纳氏试剂：使用分析天平称取氢氧化钾（KOH，分析纯）134.000 0 g 溶于 460 mL 水中。另称碘化钾（KI，分析纯）20.000 0 g 溶于 50 mL 水中，加入碘化汞（HgI_2，分析纯）大约 3.000 0 g，使溶解至饱和状态。然后将两溶液混合即成。

（11）0.1 mol/L $BaCl_2$ 交换剂：使用分析天平称取 24.400 0 g $BaCl_2 \cdot 2H_2O$，溶解于蒸馏水中后，用玻璃棒引流入 1 000 mL 容量瓶中，用蒸馏水定容至 1 000 mL。

（12）0.002 mol/L $BaCl_2$ 平衡溶液：使用分析天平称取 0.488 9 g $BaCl_2 \cdot 2H_2O$，溶解于去离子水中后，用玻璃棒引流入 1 000 mL 容量瓶中，用去离子水定容至 1 000 mL。

（13）0.01 mol/L（1/2 $MgSO_4$）溶液：使用分析天平称取 1.232 0 g $MgSO_4 \cdot 7H_2O$，溶解于蒸馏水中后，用玻璃棒引流入 1 000 mL 容量瓶中，用蒸馏水定容至 1 000 mL。

（14）离子强度参比液（0.003 mol/L 1/2 $MgSO_4$）：使用分析天平称取 0.370 0 g $MgSO_4 \cdot 7H_2O$，溶解于蒸馏水中，用玻璃棒引流入 1 000 mL 容量瓶中，用蒸馏水定容至 1 000 mL。

（15）0.10 mol/L（1/2 H_2SO_4）溶液：使用移液管量取 H_2SO_4（化学纯）2.7 mL，用玻璃棒引流入 1 000 mL 容量瓶中，用蒸馏水定容至 1 000 mL。

（16）NaOAc（pH=8.2）溶液：使用分析天平称取 136.000 0 g $CH_3COONa \cdot 3H_2O$，用蒸馏水溶解后，用玻璃棒引流入 1 000 mL 容量瓶中，用蒸馏水定容至 1 000 mL。此溶液 pH 为 8.2。否则以 NaOH 或 HOAc 调节至 pH=8.2。

（17）异丙醇（990 mL/L）或乙醇（950 mL/L）。

（18）NH_4OAC（pH=7）：用移液管量取冰乙酸（99.5%）57 mL，加蒸馏水至 500 mL，加浓氨水（NH_4OH）69 mL，再加蒸馏水至约 980 mL，用 NH_4OH 或 HOAc 调节溶液至 pH=7.0，用玻璃棒引流入 1 000 mL 容量瓶中，用蒸馏水定容至 1 000 mL。

（19）钠（Na）标准溶液：使用分析天平称取氯化钠（分析纯，105℃烘干 4 h）2.542 3 g，以 pH=7.0、浓度为 0.1 mol/L 的 NH_4OAc 为溶剂溶解后，用玻璃棒引流入 1 000 mL 容量瓶中，用蒸馏水定容至 1 000 mL，即浓度为 1 000 μg/mL 的钠标准溶液，然后逐级用醋酸铵溶液稀释成质量浓度分别为 3 μg/mL、5 μg/mL、10 μg/mL、20 μg/mL、30 μg/mL、50 μg/mL 的标准溶液，贮于塑料瓶中保存。

五、实验步骤

（一）酸性土壤阳离子交换量的测定方法——乙酸铵交换法

使用分析天平称取通过 2 mm 筛孔的风干土样 2.000 0 g，质地较轻的土壤称 5.000 0 g，放入 100 mL 离心管中，沿离心管壁加入 3～5 mL 浓度为 1 mol/L 的乙酸铵溶液，用带有橡皮头的玻璃棒搅拌土样，使其成为均匀的泥浆状态。再加浓度为 1 mol/L 的乙酸铵溶液至总体积约 60 mL，并充分搅拌均匀，然后用浓度为 1 mol/L 的乙酸铵溶液洗净橡皮头玻璃棒，溶液收入离心管内。

将离心管成对放在天平的两盘上，用乙酸铵溶液使之质量平衡。平衡好的离心管对称地放入离心机中，离心 3～5 min，转速 3 000～4 000 r/min，如不测定交换性盐基含量，离心后的清液即弃去；如需测定交换性盐基含量，每次离心后的清液收集在 250 mL 容量瓶中，如此用浓度为 1 mol/L 的乙酸铵溶液处理 3～5 次，直到最后浸出液中无钙离子反应为止。最后用浓度为 1 mol/L 的乙酸铵溶液定容至 250 mL，测定交换性盐基含量。

往载土的离心管中加 3～5 mL 浓度为 95%的乙醇，用橡皮头玻璃棒搅拌土样，使其成为泥浆状态，再加浓度为 95%的乙醇约 60 mL，用橡皮头玻璃棒充分搅匀，以便洗去土粒表面多余的乙酸铵，切不可有小土团存在。然后将离心管成对放在天平的两盘上，用浓度为 95%的乙醇溶液使其质量平衡，并对称放入离心机中，离心 3～5 min，转速 3 000～4 000 r/min，弃去酒精溶液。如此反复用酒精洗 3～4 次，直至最后 1 次乙醇溶液中无铵离子为止，用纳氏试剂检查铵离子。

洗净多余的铵离子后，用水冲洗离心管的外壁，往离心管内加 3～5 mL 蒸馏水，并搅拌成糊状，用蒸馏水把泥浆洗入 150 mL 的凯氏烧瓶中，并用橡皮头玻璃棒擦洗离心管的内壁，使全部土样转入凯氏烧瓶内，洗入水的体积应控制在 50～80 mL。蒸馏前向凯氏烧瓶内加入液状石蜡 2 mL 和氧化镁 1 g，立即把凯氏烧瓶装在蒸馏装置上。

将盛有 20 g/L 硼酸指示剂吸收液 25 mL 的锥形瓶（250 mL）放置在用缓冲管连接的冷凝管的下端。打开螺丝夹（蒸汽发生器内的水要先加热至沸腾），通入蒸汽，随后摇动凯氏烧瓶内的溶液使其混合均匀。打开凯氏烧瓶下的电炉电源，接通冷凝系统的流水。用螺丝夹调节蒸汽流速度，使其一致，蒸馏约 20 min，馏出液约达 80 mL 以后，应检查蒸馏是否完全。检查方法：取下缓冲管，在冷凝管下端取几滴馏出液于白瓷比色板的凹孔中，立即往馏出液内加 1 滴甲基红-溴甲酚绿混合指示剂，呈紫红色表示氨已蒸完，蓝色则需继续蒸馏（如加滴纳氏试剂，无黄色反应，即表示蒸馏完全）。

将缓冲管连同锥形瓶内的吸收液一起取下，用水冲洗缓冲管的内外壁（洗入锥形瓶内），然后用盐酸标准溶液滴定。同时做空白试验。

（二）酸性土壤阳离子交换量的测定方法 —— $BaCl_2$-$MgSO_4$（强迫交换）法

使用分析天平称取风干土 2.000 0 g 于 30 mL 离心管中，加入浓度为 0.1 mol/L 的 $BaCl_2$ 交换剂 20.0 mL，用胶塞塞紧，振荡 2 h。在 10 000 r/min 下离心，弃去上层清液。加入 20.0 mL 浓度为 0.002 mol/L 的 $BaCl_2$ 平衡溶液，用胶塞塞紧，先剧烈振荡，使样品充分分散，然后再振荡 1 h。离心，弃去清液。重复上述步骤两次，使样品充分平衡。在第 3 次离心之前，测定悬浊液的 pH（$BaCl_2$）。弃去第 3 次清液后，加入 10.00 mL 浓度为 0.01 mol/L 的 1/2 $MgSO_4$ 溶液进行强迫交换，充分搅拌后放置 1 h。测定悬浊液的电导率 EC_{susp} 和离子强度参比液（0.003 mol/L 1/2 $MgSO_4$ 溶液）的电导率 EC_{ref}。若 $EC_{susp} < EC_{ref}$，逐渐加入浓度为 0.01 mol/L 的 1/2 $MgSO_4$ 溶液，直至 $EC_{susp} = EC_{ref}$，并记录加入 1/2 $MgSO_4$ 溶液的总体积；若 $EC_{susp} > EC_{ref}$，测定悬浊液 pH（pH_{susp}），若 $pH_{susp} > pH_{BaCl_2}$ 超过 0.2～3.0 单位，滴加浓度为 0.10 mol/L 的 1/2 H_2SO_4 溶液直至 pH 达到 pH_{BaCl_2}；加入去离子水并充分混合，放置过夜，直至两者电导率相等为止。如有必要，再次测定并调节 pH_{susp} 和 EC_{susp}，直至达到以上要求，准确称量离心管加内容物的质量（m_1）。

（三）石灰性土和盐碱土土壤阳离子交换量的测定方法——乙酸钠火焰光度法

使用分析天平称取过 1 mm 筛孔的风干土样 4.000 0～6.000 0 g（黏土 4.000 0 g、砂土 6.000 0 g），置于 50 mL 离心管中，加 pH 为 8.2 的乙酸钠溶液（1 mol/L）33 mL，使各管质量一致，塞住管口，振荡 5 min 后离心（3 000 r/min）10 min，弃去清液。重复用 NaOAc 溶液提取 4 次。然后以同样方法，用异丙醇或乙醇洗涤样品 3 次，最后 1 次尽量除尽洗涤液。在上述土样中加入 33 mL 浓度为 1 mol/L 的 NH_4OAc 溶液，振荡 5 min（必要时用玻棒搅动），离心（3 000 r/min）10 min，将清液小心地用玻璃棒引流入 100 mL 容量瓶中；按同样方法用浓度为 1 mol/L 的 NH_4OAc 溶液交换洗涤两次，收集的清液最后用浓度为 1 mol/L 的 NH_4OAc 溶液定容至 100 mL。用火焰光度计测定溶液中 Na^+浓度，计算土壤交换量。

六、结果计算

（一）酸性土壤阳离子交换量的测定方法 —— 乙酸铵交换法

$$Q^+ = \frac{c\times(V-V_0)}{m_1}\times 100 \tag{1-25}$$

式中，Q^+ —— 阳离子交换量，cmol/kg；

c —— 盐酸标准溶液的浓度，mol/L；

V —— 盐酸标准溶液的用量，mL；

V_0 —— 空白试验盐酸标准溶液的用量，mL；

m_1 —— 烘干土样质量，g。

（二）酸性土壤阳离子交换量的测定方法 —— $BaCl_2$-$MgSO_4$（强迫交换）法

土壤阳离子交换量 Q^+=100（加入 Mg 的总量–保留在溶液中 Mg 的量）/土样质量，即：

$$Q^+ = \frac{100(0.01v_1 - 0.01v_2)}{m} \tag{1-26}$$

式中，Q^+ —— 阳离子交换量，cmol/kg；

0.01 —— 调节电导率时所用 1/2 $MgSO_4$ 溶液的浓度；

v_1 —— 调节电导率时所用 0.01 mol/L 1/2 $MgSO_4$ 溶液的体积，mL；

v_2 —— 上层清液的最后体积，mL；

m —— 烘干土样品质量，g。

（三）石灰性土和盐碱土土壤阳离子交换量的测定方法——乙酸钠火焰光度法

$$土壤中交换量（cmol/kg）= \frac{\rho\times V}{m\times 23}\times 10^{-3}\times 100 \tag{1-27}$$

式中，ρ —— 从标准曲线上查得待测液中钠离子的质量浓度，μg/mL；

V —— 测定时定容使用的浓度为 1 mol/L 的 NH_4OAc 溶液的体积，mL；

23 —— 钠的摩尔质量，g/mol；

m —— 烘干质量，g。

七、注意事项

（1）乙酸铵交换法中检查钙离子的方法。取最后 1 次乙酸铵浸出液 5 mL 放在试管中，加 pH=10 缓冲液 1 mL，加少许 K-B 指示剂。如溶液呈蓝色，表示无钙离子；如呈紫红色，表示有钙离子，还要用乙酸铵继续浸提。

（2）用少量乙醇冲洗并回收橡皮头玻璃棒上黏附的黏粒。

（3）乙酸钠火焰光度法用于盐碱土时，由于该类土壤既含有石灰质又含易溶盐，在交换前必须除去可溶盐。具体方法是：于离心管中加入 50℃左右的浓度为 500 mL/L 的乙醇溶液数毫升，搅拌样品，离心后弃去清液，反复数次用 $BaCl_2$ 检查清液至仅有微量 $BaSO_4$ 反应为止。

（4）乙酸钠火焰光度法中用 NaOAc 溶液提取 4 次，第 4 次提取的钙和镁已很少，第 4 次提取液的 pH 为 7.9～8.2，表示提取过程已基本完成。

（5）每升乙酸钠溶液中钠离子的摩尔质量为 23 g；这里单位以 mL 表示，则钠的摩尔质量为 23 mg。

八、思考题

（1）土壤交换性能的分析包括哪些项目？如何根据土壤性质选择分析项目？

（2）酸性土壤的 pH、交换酸和石灰需要量的关系是怎样的？

（3）石灰性土壤交换量的测定存在哪些问题？怎样解决？

（4）土壤交换量的测定主要有几种方法，分别适用于哪类土壤？测定可分哪几步？各步骤可能产生哪些误差？如何避免和克服这些误差？

实验十四 土壤氧化还原电位的测定——电位法

土壤氧化还原电位是指土壤中的氧化剂和还原剂在氧化还原电极上所建立的平衡电位。它是反映土壤氧化或还原程度的重要指标，常用 E_h 表示。土壤氧化还原电位的变化范围广，土壤氧化还原电位的变化，反映了变价元素（氧、铁、锰、氮、硫、碳等）的剧烈变化，指示该条件下物质的转化形态及与植物生长的关系。影响土壤氧化还原电位的主要因素有土壤通气性、土壤水分状况、植物根系的代谢作用、土壤中易分解的有机质含量等。

土壤 E_h 从高到低可以分级，强度可从还原状态的–300～–200 mV 到氧化状态的+700 mV。旱地土壤的正常 E_h 为 200～750 mV，若 E_h 大于 750 mV，则土壤完全处于氧化状态，有机质消耗过快，有些养料因此而丧失有效性，应灌水适当降低其 E_h。若 E_h 小于 200 mV，则表明土壤水分过多，通气不良，应排水或松土以提高其 E_h。水田土壤 E_h 变动较大，在淹水期间 E_h 值可低至–150 mV，甚至更低；在排水晒田期间，土壤通气性改善，E_h 可增至 500 mV 以上。一般地，稻田适宜的 E_h 值为 200～400 mV，若 E_h 经常在 180 mV 以下或低于 100 mV，则水稻分蘖或生长发育受阻。若长期处于–100 mV 以下，水稻会严重受害甚至死亡，此时应及时排水晒田以提高其 E_h 值。

土壤氧化还原电位的高低，取决于土壤溶液中氧化态和还原态物质的相对浓度，一般采用铂电极和饱和甘汞电极电位差法进行测定。

一、实验目的

通过土壤氧化还原电位的测定，使学生掌握电位计的使用方法，了解电位法的基本原理及其在实际中的应用。

二、方法原理

将铂电极和参比电极插入新鲜或湿润的土壤中，土壤中的可溶性氧化剂或还原剂从铂电极上接收或给予电子，直至在电极表面建立起一个平衡电位，测量该电位与参比电极电位的差值，再与参比电极相对于氢标准电极的电位值相加，即得到土壤的氧化还原电位。

三、仪器和设备

（1）电位计：输入阻抗不小于 10 GΩ，灵敏度为 1 mV。

（2）氧化还原电极：铂电极，需在空气中保存，并保持清洁。两种不同类型的铂电极的结构见图 1-2。

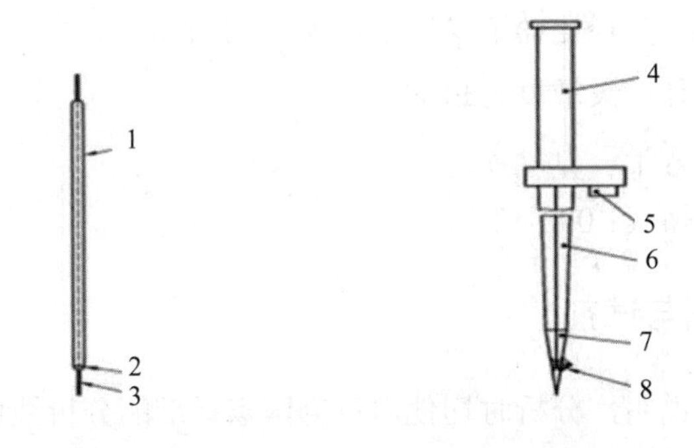

（a）氧化还原电极　　（b）尖顶氧化还原电极

1—绝缘材料；2—铜杆；3—铂丝；4—把手；5—插孔；6—钢杆；7—环氧树脂；8—暴露的铂丝束

图 1-2　氧化还原电极的结构

（3）参比电极：银-氯化银电极，也可以使用其他电极，如甘汞电极。参比电极相对于标准氢电极的电位见附录 C。银-氯化银电极应保存于浓度为 1.00 mol/L 或 3.00 mol/L 的氯化钾溶液中，氯化钾的浓度与电极中的使用浓度相同，或直接保存于含有相同浓度氯化钾溶液的盐桥中。

（4）不锈钢空心杆：直径比氧化还原电极大 2 mm，长度应满足氧化还原电极插入土壤中所要求的深度。

（5）盐桥：连接参比电极和土壤，盐桥的结构见图 1-3。

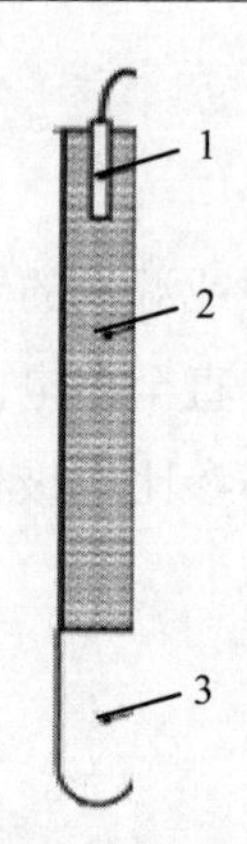

1—银-氯化银电极；2—琼脂氯化钾溶液；3—陶瓷套

图 1-3 氧化还原电位测量中的盐桥结构

（6）手钻：直径比盐桥参比电极大 3～5 mm。

（7）温度计：灵敏度为±1℃。

（8）分析天平：万分之一。

（9）容量瓶（1 000 mL）。

四、材料与试剂

除非另有说明，分析时均使用符合国家标准的分析纯化学试剂，实验用水满足 GB/T 6682—2016 的要求。

（1）醌氢醌（$C_{12}H_{10}O_4$）。

（2）铁氰化钾（$K_3[Fe(CN)_6]$）。

（3）亚铁氰化钾［$K_4Fe(CN)_6 \cdot 3H_2O$］。

（4）琼脂：浓度为 0.5%。

（5）氯化钾：KCl。

（6）氧化还原缓冲溶液：

将适量粉末态醌氢醌加至 pH 缓冲溶液中获得悬浊液；或等摩尔的铁氰化钾—亚铁氰化钾（mol/mol）的混合溶液。标准氧化还原缓冲溶液的电位值参见附录 B。

（7）氯化钾溶液：c（KCl）=1.00 mol/L。采用分析天平称取 74.550 0 g 氯化钾溶解于蒸馏水中，使用玻璃棒引入 1 000 ml 容量瓶中，用蒸馏水定容至 1 000 mL，混匀。

（8）氯化钾溶液：c（KCl）= 3.00 mol/L。采用分析天平称取 223.650 0 g 氯化钾溶解于蒸馏水中，使用玻璃棒引入 1 000 mL 容量瓶中，用蒸馏水定容至 1 000 mL，混匀。

（9）电极清洁材料：细砂纸、去污粉、棉布。

五、实验步骤

（一）电极和盐桥的现场布置

氧化还原电极和盐桥的现场布置见图 1-4。氧化还原电极和盐桥之间的距离应在 0.1～1 m，两支氧化还原电极分别插入不同深度的土壤中。电极插入的土壤层的水分状态，按附录 A 中的分类应为新鲜或潮湿。如表层土壤干燥，盐桥应放在新鲜或潮湿土层的孔内，参比电极避免阳光直射。

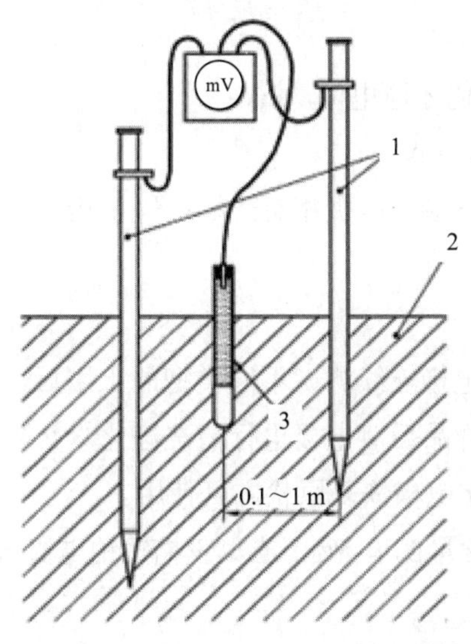

1. 氧化还原电极；2. 土壤；3. 盐桥

图 1-4 氧化还原电极和盐桥的布置

（二）测定

在每个测量点位，先用不锈钢空心杆在土壤中分别钻两个比测量深度浅 2～

3 cm 的孔，再迅速插入铂电极至待测深度。每个测量深度至少放置两个电极，且两个电极之间的距离为 0.1～1 m，铂电极至少在土壤中放置 30 min，然后连接电位计。在距离氧化还原电极 0.1～1 m 处的土壤中安装盐桥，并应保证盐桥的陶瓷套与土壤有良好接触。1 h 后开始测定，记录电位计的读数（E_m）。如果 10 min 内连续测量相邻两次测定值的差值≤2 mV，可以缩短测量时间，但至少需要 30 min。读取电位的同时，测量参比电极处的温度。

注：在读数间隔期间要将铂电极从毫伏计上断开，因为氯化钾会从盐桥泄漏到土壤中，2 h 会达到最大泄漏量。如果断开不能解决问题，要从土壤中取出盐桥，下次测量前再重新安装。

六、结果计算

土壤的氧化还原电位按照式（1-28）进行计算。

$$E_h = E_m + E_r \tag{1-28}$$

式中，E_h —— 土壤的氧化还原电位，mV；

E_m —— 仪器读数，mV；

E_r —— 测试温度下参比电极相对于标准氢电极的电位值，mV（见附录 C）。

七、注意事项

（1）使用同一支铂电极连续测试不同类型的土壤后，仪器读数常出现滞后现象，此时应在测定每个样品后对电极进行清洗净化。必要时，将电极放置于饱和 KCl 溶液中浸泡，待参比电极恢复原状方可使用。

（2）如果土壤水分含量低于 5%，应尽量缩短铂电极与参比电极的距离，以减小电路中的电阻。

（3）铂电极需在一年之内使用，且每次使用前都要检查铂电极是否损坏或污染。如果铂电极被污染，可用棉布轻擦，然后用蒸馏水冲洗。

（4）铂电极使用前，应用氧化还原缓冲溶液检查其响应值，如果其测定电位值与氧化还原缓冲溶液的电位值之差大于 10 mV，应进行净化或更换。同样，也要检测参比电极。参比电极可以相互检测，但至少需要 3 个参比电极轮流连接，当一个电极的读数和其他电极的读数差别超过 10 mV 时，该电极可视为有缺陷，应弃用。

八、思考题

（1）土壤氧化还原电位的高低对植物生长有什么影响？

（2）如何根据植物的需要改善土壤氧化还原电位？

实验十五　土壤酶活性的测定

酶系统是土壤中最活跃的部分，土壤酶和土壤微生物一起推动土壤的代谢过程，土壤酶活性与土壤肥力的关系十分密切。检测土壤中的酶活性，能够了解复杂有机质的分解强度与简单物质的再合成强度，为判断土壤肥力的演变趋势、定向培育高肥力土壤提供理论依据。如比较分析土壤磷酸酶、蛋白酶、脲酶、蔗糖酶与相应的植物有效养分的有效磷、氨基氮、氨态氮、二氧化碳释放量的关系；多酚氧化酶与腐殖质数量、品质的关系，有助于了解土壤碳、氮、磷、硫的生物转化进程和动向以及土壤潜在肥力的有效化程度。

积累在土壤中的酶，主要是与土壤有机、无机成分结合在一起的，土壤酶活性表现出一定的稳定性。土壤酶的种类较多，有水解酶类、氧化还原酶类、转移酶类等，本实验主要测定磷酸酶、过氧化物酶、脲酶、蔗糖酶和纤维素酶的活性。

A. 土壤磷酸酶活性的测定（磷酸苯二钠比色法）

一、实验目的

土壤有机磷的转化受多种因子制约，尤其是磷酸酶的参与可加快有机磷脱磷速度。在 pH 为 4～9 的土壤中均有磷酸酶。积累的磷酸酶对土壤磷素的有效性具有重要作用。研究证明，磷酸酶与土壤碳、氮含量呈正相关关系。磷酸酶活性是评价土壤磷素生物转化方向与强度的指标。通过测定土壤磷酸酶，使学生了解土壤磷酸酶在土壤磷素有效性中的重要作用，掌握其测定方法和原理，能熟练使用分光光度计。

二、实验原理

以苯基磷酸盐作基质，以酚的释放量表示磷酸酶活性。本测定方法中以磷酸苯二钠为基质，在磷酸酶的作用下，用水解基质所生成苯酚的量来表示酶的活性。这种方法适用于测定各种磷酸酶的活性，包括：酸性磷酸酶（pH 为 5 的醋酸缓冲液）；中性磷酸酶（pH 为 7 的柠檬酸盐缓冲液）；碱性磷酸酶（pH 为 9.4 的硼酸盐缓冲液）。

三、仪器和设备

容量瓶（50 mL、1 000 mL）、棕色瓶（1 000 mL）、三角瓶（200 mL）、移液管（20 mL）、恒温培养箱、分光光度计、分析天平（万分之一）。

四、材料与试剂

（一）药品

磷酸苯二钠、醋酸、柠檬酸、硼酸、2,6-二溴苯醌氯酰亚胺、乙醇、重蒸酚、硫酸铝。

（二）配制方法

磷酸苯二钠：采用分析天平称取 6.750 0 g 磷酸苯二钠，溶解于蒸馏水中，使用玻璃棒引流入 1 000 mL 容量瓶中，用蒸馏水定容至 1 000 mL（1 mL 含 25 mg 酚），配制浓度为 0.5%的磷酸苯二钠。

醋酸盐缓冲液（pH=5.0）：采用分析天平称取 136.000 0 g 乙酸钠溶于 700 mL 蒸馏水中，用乙酸调节至 pH=5.0，使用玻璃棒引流入 1 000 mL 容量瓶中，用去离子水定容至 1 000 mL。

硼酸盐缓冲液（pH=9.6 与 pH=10）：采用分析天平称取 12.404 0 g 硼酸，溶于 700 mL 蒸馏水中，用稀 NaOH 溶液调节至 pH=10.0，使用玻璃棒引流入 1 000 mL 容量瓶中，用蒸馏水定容至 1 000 mL。

柠檬酸盐缓冲液（pH=7.0）：A 液：采用分析天平称取 21.010 0 g 柠檬酸，溶于

1 000 mL 蒸馏水中；B 液：采用分析天平称取 35.610 0 g 磷酸氢二钠，溶于 1 000 mL 蒸馏水中；柠檬酸盐缓冲液（pH=7.0）：3.63 mL A＋16.37 mL B，混匀即得。

氯代二溴对苯醌亚胺试剂：采用分析天平称取 0.125 0 g 2,6-二溴苯醌氯酰亚胺，用 10 mL 浓度为 96%的乙醇溶解，贮于棕色瓶中，存放在冰箱里。保存的黄色溶液未变褐色之前均可使用。

酚的标准溶液：酚原液——采用分析天平称取 1.000 0 g 酚溶于蒸馏水中，使用玻璃棒引流入 1 000 mL 容量瓶中，用蒸馏水定容至 1 000 mL，贮于棕色瓶中。

酚工作液——取 10 mL 酚原液，使用玻璃棒引流入 1 000 mL 容量瓶中，用蒸馏水定容至 1 000 m L（每毫升含 0.01 mg 酚）。

浓度为 0.3%的硫酸铝溶液：采用分析天平称取硫酸铝 3.000 0 g，用蒸馏水溶解，使用玻璃棒引流入 1 000 mL 容量瓶中，用蒸馏水定容至 1 000 mL。

标准曲线绘制：取 1 mL、3 mL、5 mL、7 mL、9 mL、11 mL 和 13 mL 酚工作液，置于 50 mL 容量瓶中，每瓶加入 5 mL 缓冲液和 4 滴氯代二溴对苯醌亚胺试剂，显色后定容至刻度，30 min 后比色测定。以光密度为纵坐标，浓度为横坐标绘制标准曲线。

五、实验步骤

采用分析天平称取 5.000 0 g 风干土壤样品，置于 200 mL 三角瓶中，加 2.5 mL 甲苯，轻摇 15 min 后，加入 20 mL 浓度为 0.5%的磷酸苯二钠（酸性磷酸酶用醋酸盐缓冲液；中性磷酸酶用柠檬酸盐缓冲液；碱性磷酸酶用硼酸盐缓冲液），摇匀后放入恒温箱，在 37℃下培养 24 h。向培养液中加 100 mL 浓度为 0.3%的硫酸铝溶液并过滤。

使用移液管吸取 3 mL 滤液置于 50 mL 容量瓶中，然后按绘制标准曲线所述方法显色。加入硼酸缓冲液，滤液呈现蓝色，在分光光度计上于 660 nm 处比色，读取光密度。

六、结果计算

磷酸酶活性以 24 h 后 1 g 土壤中释出的酚的质量表示。

$$\text{磷酸酶活性}_{\text{酚}} = a \times 8 \quad (1\text{-}29)$$

式中，a —— 从标准曲线上求查得的酚质量，mg；

8 —— 换算成 1 g 土的系数。

七、注意事项

（1）每一个土壤样品应该做一个无基质对照，以等体积的蒸馏水代替基质，其他操作与样品实验相同，以排除土样中原有氨对实验结果的影响。

（2）整个实验做一个无土对照，不加土样，其他操作与样品实验相同，以检验试剂纯度和基质自身分解。

（3）如果样品光密度超过标准曲线的最大值，则应该增加分取倍数或是减少培养土样。

八、思考题

（1）磷酸酶活性的测定方法还有哪些？

（2）为什么磷酸酶活性对 pH 的要求很严格？

B．土壤过氧化物酶活性的测定

一、实验目的

过氧化物酶能氧化土壤有机物质。过氧化物是土壤微生物生命活动的结果，与某些氧化酶（如尿酸盐氧化酶）的作用有关。所以过氧化物酶在腐殖质的形成过程中具有重要作用。土壤微生物生命活动在土壤中积累的一定量的过氧化物和其他还原型有机物质（多元酚、胺及杂环化合物），促使这一酶促反应的进行。通过土壤过氧化物酶活性的测定，使学生了解土壤过氧化物酶在腐殖质的形成过程中的重要作用，掌握其测定方法和原理，熟练使用分光光度计。

二、实验原理

利用多酚氧化物（邻苯三酚、二酚等）作为氧的受体，在过氧化物酶的参与下，通过过氧化物中氧的作用，多酚被氧化为着色的醌类化合物。其颜色深度与醌类化合物相关，据此用以表示酶活性。

三、仪器和设备

三角瓶（50 mL）、容量瓶（50 mL、100 mL、1 000 mL）、移液管（10 mL）、恒温培养箱、分光光度计、分析天平（万分之一）。

四、材料与试剂

（1）浓度为1%的邻苯三酚溶液：采用分析天平称取 1.000 0 g 邻苯三酚，溶于蒸馏水中，使用玻璃棒引流入 100 mL 容量瓶中，用蒸馏水定容至 100 mL。最好现配现用。一般来说，溶液可以贮存一周左右，在棕色瓶中时间会稍长一些。

（2）浓度为 0.5%的 H_2O_2 溶液：采用移液管量取 0.85 mL 浓度为 30%的 H_2O_2，使用玻璃棒引流入 50 mL 容量瓶中，用蒸馏水定容至 50 mL。

（3）乙醚。

（4）浓度为 0.5 mol/L 的 HCl：采用移液管量取 42 mL 浓 HCl，使用玻璃棒引流入 1 000 mL 容量瓶中，用蒸馏水定容至 1 000 mL。

（5）重铬酸钾标准溶液：采用分析天平称取 0.750 0 g 重铬酸钾溶于 1 000 mL 浓度为 0.5 mol/L 的盐酸中，此溶液相当于 50 mL 乙醚中含 5 mg 焦性没食子酸。

标准曲线绘制：取重铬酸钾标准溶液，用浓度为 0.5 mol/L 的盐酸再稀释成各种不同浓度，然后在波长 430 nm 处比色，以光密度值为纵坐标、以浓度为横坐标绘制标准曲线。

五、实验步骤

（1）采用分析天平称取 1.000 0 g 土壤样品，置于 50 mL 三角瓶中，然后加入 10 mL 浓度为 1%的邻苯三酚溶液和 2 mL 浓度为 0.5%的过氧化氢溶液，摇匀，塞好塞子，置于 30℃恒温箱中，培养 1 h（活性低时可延长培养时间）。与此同时，进行 12 mL 蒸馏水代替基质的对照实验。

（2）培养结束后，取出三角瓶，加入浓度为 0.5 mol/L 的盐酸 2.5 mL，摇匀，用乙醚将生成的焦性没食子酸用真空泵抽出（如含量高时须抽提多次），合并抽提液，使用玻璃棒引流到 50 mL 容量瓶中，用蒸馏水定容至 50 mL。最后在比色计上测定光密度，由标准曲线查出焦性没食子酸含量。

六、结果计算

以 1.000 0 g 土壤，在 1 h 内生成的焦性没食子酸的质量表示酶的活性单位，其计算式为：

$$土壤过氧化物酶活性 = m_1/m_2 \tag{1-30}$$

式中，m_1 —— 1 h 内生成的焦性没食子酸的质量，mg；

m_2 —— 烘干土壤的质量，mg。

七、注意事项

（1）乙醚具有麻醉作用，实验时务必戴好口罩、手套，操作的时候在通风橱中进行。

（2）如果样品光密度超过标准曲线的最大值，则应该增加分取倍数或适当调整标准曲线浓度的梯度。

八、思考题

土壤中的过氧化物酶的具体作用是什么？对植物生长有什么影响？

C．土壤脲酶活性的测定（脲素比色法）

一、实验目的

脲酶广泛存在于土壤中，是被研究得比较深入的一种酶。脲酶的酶促产物——氨是植物氮源之一。尿素氮肥的水解与脲酶密切相关。有机肥料中也有游离脲酶存在，同时，脲酶与土壤其他因子（有机质、微生物数量）也有关。通过土壤脲酶活性的测定，使学生了解土壤脲酶转化为尿素的作用及其调控技术，对提高尿素的氮肥利用率有重要意义。同时，使学生掌握其测定方法和原理，能熟练使用分光光度计。

二、实验原理

脲酶是一种专一性较强的酶，它能酶促尿素水解生成氨、二氧化碳和水。以尿素为基质，根据脲酶酶促产物（氨）在碱性介质中与苯酚-次氯酸钠作用（在碱性溶液中及在亚硝基贴氰化钠催化剂存在时）生成蓝色的靛酚。该生成物的数量与氨浓度成正比，可用分光光度计进行检测。

三、仪器和设备

三角瓶（200 mL）、容量瓶（50 mL、100 mL、1 000 mL、2 000 mL）、移液管（10 mL）、恒温培养箱、分光光度计、分析天平（万分之一）。

四、材料与试剂

（一）药品

柠檬酸、KOH、NaOH、苯酚、乙醇、甲醇、丙酮、次氯酸钠、甲苯、尿素、硫酸铵。

（二）配制方法

（1）pH 为 6.7 的柠檬酸盐缓冲液：用分析天平称取 368.000 0 g 柠檬酸，溶于 600 mL 蒸馏水中，另称取 295.000 0 g 氢氧化钾，溶于 600 mL 蒸馏水中，再将两种溶液混合，用浓度为 1 mol/L 的氢氧化钠将 pH 调至 6.7，用玻璃棒引流至 2 000 mL 容量瓶，用蒸馏水定容至 2 000 mL。

（2）苯酚钠溶液：用分析天平称取 62.500 0 g 苯酚，溶于 5～10 mL 乙醇中，加 2 mL 甲醇和 18.5 mL 丙酮，用玻璃棒引流至 100 mL 容量瓶，用乙醇定容至 100 mL（A 液），保存在冰箱中。称取 27.000 0 g 氢氧化钠，溶于 100 mL 蒸馏水中（B 液），保存在冰箱中。使用前，取 A、B 两液各 20 mL 混合，使用玻璃棒引流入 100 mL 容量瓶中，用蒸馏水定容至 100 mL 备用。

（3）次氯酸钠溶液：用蒸馏水稀释制剂，至活性氯的浓度为 0.9%，溶液稳定。（如活性氯浓度为 10%的次氯酸钠试剂，用蒸馏水稀释 11.1 倍，即活性氯的浓度为 0.9%）。

（4）质量分数为 10%的尿素液：用分析天平称取 10.000 0 g 尿素，溶于蒸馏水中，用玻璃棒引流至 100 mL 容量瓶，用蒸馏水定容至 100 mL。

（5）氮的标准溶液：用分析天平精确称取 0.471 7 g 硫酸铵，溶于蒸馏水中，用玻璃棒引流至 1 000 mL 容量瓶，用蒸馏水定容至 1 000 mL，则为每毫升含氮 0.1 mg 的标准液。绘制标准曲线时，可再将此液稀释 10 倍备用。

（6）标准曲线绘制：使用移液管量取稀释的氮的标准液 1 mL、3 mL、5 mL、7 mL、9 mL、11 mL、13 mL，移入 50 mL 容量瓶，然后加蒸馏水至 20 mL。再加 4 mL 苯酚钠溶液和 3 mL 次氯酸钠溶液，边加边摇匀。20 min 后显色，定容至 50 mL。1 h 内在分光光度计上于波长 578 nm 处比色，记录光密度。以光密度为纵坐标，溶液浓度为横坐标，绘制标准曲线。

五、实验步骤

用分析天平称取 5.000 0 g 风干土壤样品，置于 50 mL 三角瓶中，加 1 mL 甲苯。15 min 后加 10 mL 质量分数为 10%的尿素液和 20 mL pH=6.7 的柠檬酸盐缓冲液。摇匀后在 37℃恒温箱中培养 24 h。过滤后取 3 mL 滤液使用玻璃棒引流入 50 mL 容量瓶中，用蒸馏水定容至 50 mL，然后按绘制标准曲线显色方法进行比色测定光密度值。

六、结果计算

脲酶活性以 24 h 后 1.000 0 g 土壤中 NH_3-N 的质量（mg）表示。

$$NH_3\text{-N 的质量}=a\times 2 \tag{1-31}$$

式中，a —— 1.000 0 g 土壤中 NH_3-N 的质量，mg；

2 —— 换算成 1.000 0 g 土的系数。

七、注意事项

（1）甲苯有毒，操作的时候在通风橱中进行。

（2）苯酚具有腐蚀性，操作时务必戴好口罩、手套。

八、思考题

（1）测定土壤脲酶活性的方法还有哪些？其原理是什么？

（2）测定土壤脲酶活性时一般采用中性缓冲体系，常用的中性缓冲体系有哪些？

D．土壤蔗糖酶活性的测定

一、实验目的

蔗糖酶是根据其酶促基质——蔗糖而得名的，又叫转化酶或β-呋喃果糖苷酶。它对增加土壤中易溶性营养物质起着重要作用。蔗糖酶与土壤许多因子有相关性。如土壤有机质、氮、磷含量、微生物数量及土壤呼吸强度等。一般情况下，土壤肥力越高，蔗糖酶活性越强。它不仅能够表征土壤生物学活性强度，也可以作为评价土壤熟化程度和土壤肥力水平的一个指标。通过蔗糖酶活性的测定，使学生了解蔗糖酶活性在土壤熟化程度和土壤肥力评价中的重要作用，掌握其测定方法和原理，能熟练使用分光光度计。

二、实验原理

蔗糖酶能促进蔗糖水解成葡萄糖和果糖。蔗糖酶活性的测定方法包括：用酶学的方法测量所产生的葡萄糖（滴定法或重量法）；根据蔗糖的非还原性，用生成物（葡萄糖和果糖）能够还原菲林溶液中的铜，再根据生成的氧化亚铜的量求出糖的含量；根据蔗糖水解的生成物与某种物质（3,5-二硝基水杨酸或磷酸铜）生成有色化合物进行比色测定。3,5-二硝基水杨酸比色法重现性较好，且方法较简便，适用于成批样品的测定。蔗糖酶酶解所生成的还原糖与 3,5-二硝基水杨酸反应而生成橙色 3-氨基-5-硝基水杨酸。颜色深度与还原糖量相关，可用还原糖量来表示蔗糖酶的活性。

三、仪器和设备

三角瓶（50 mL）、容量瓶（50 mL、100 mL、1 000 mL）、移液管（10 mL）、烘箱、恒温培养箱、分光光度计、分析天平（万分之一）。

四、材料与试剂

（一）药品

蔗糖、磷酸氢二钠（$Na_2HPO_4 \cdot 2H_2O$）、磷酸二氢钾（KH_2PO_4）、甲苯、葡萄糖、二硝基水杨酸、NaOH（分析纯）、酒石酸锑钾。

（二）配制方法

3,5-二硝基水杨酸溶液：采用分析天平称取 0.500 0 g 二硝基水杨酸，溶于 20 mL 浓度为 2 mol/L 的氢氧化钠和 50 mL 水中，再加 30.000 0 g 酒石酸钾钠，使用玻璃棒引流至 100 mL 容量瓶中，用蒸馏水定容至 100 mL（不超过 7 d）。

pH=5.5 磷酸缓冲液：采用移液管量取 0.5 mL 浓度为 1/15 mol/L 的磷酸氢二钠（11.867 0 g $Na_2HPO_4 \cdot 2H_2O$ 溶于 1 L 蒸馏水中），加 9.5 mL 浓度为 1/15 mol/L 的磷酸二氢钾（9.070 0 g KH_2PO_4 溶于 1 L 蒸馏水中）即成，分别置于 1 000 mL 容量瓶中。

质量分数为 8%的蔗糖溶液：采用分析天平称取 8.000 0 g 蔗糖，溶解于 20 mL 蒸馏水中，使用玻璃棒引流至 100 mL 容量瓶中，用蒸馏水定容至 100 mL。

标准葡萄糖溶液：将葡萄糖先在 50～58℃条件下烘干至恒重。采用分析天平称取 0.500 0 g，溶解于 20 mL 蒸馏水中，使用玻璃棒引流至 100 mL 容量瓶中，用蒸馏水定容至 100 mL（5 mg 还原糖/mL），即成标准葡萄糖溶液。再用标准液制成 1 mL 含 0.01～0.5 mg 葡萄糖的工作溶液。

标准曲线绘制：取 1 mL 不同浓度的标准葡萄糖溶液，并与测定蔗糖酶活性同样的方法进行显色，比色后以光密度值为纵坐标，葡萄糖浓度为横坐标，绘制标准曲线。

五、实验步骤

采用分析天平称取 5.000 0 g 土壤样品，置于 50 mL 三角瓶中，注入 15 mL 质量分数为 8%的蔗糖溶液，5 mL pH=5.5 的磷酸缓冲液和 5 滴甲苯。摇匀混合物后，放入恒温箱，在 37℃下培养 24 h。取出后，迅速过滤。从中吸取滤液 1 mL，注入 50 mL 容量瓶中，加 3 mL 3,5-二硝基水杨酸溶液试剂，并在沸腾的水浴锅中加热 5 min，随即将容量瓶移至自来水流下冷却 3 min。溶液因生成 3-氨基-5-硝基水杨酸而呈橙黄色，最后用蒸馏水定容至 50 mL，并在分光光度计上 508 nm 处进行比色，测定光密度值。

为了消除土壤中原有的蔗糖、葡萄糖而引起的误差，每一土样需做无基质对照，整个试验需做无土壤对照。

六、结果计算

蔗糖酶活性以 24 h 后 1.000 0 g 土壤生成葡萄糖质量表示，计算公式如下：

$$葡萄糖（mg）=（a_{样品}-a_{无土}-a_{无基质}）\times 4 \quad (1-32)$$

式中，$a_{样品}$、$a_{无土}$、$a_{无机质}$—— 由标准曲线求得的葡萄糖质量，mg；

4 —— 换算成 1.000 0 g 土的系数。

七、注意事项

（1）标准曲线的绘制要根据土壤中蔗糖酶活性来制定。

（2）甲苯有毒，操作的时候在通风橱中进行。

八、思考题

（1）蔗糖酶活性的测定原理是什么？

（2）测定蔗糖酶活性有哪些其他方法？

E. 土壤纤维素酶活性的测定（3,5-二硝基水杨酸比色法）

一、实验目的

纤维素是植物残体进入土壤的碳水化合物的重要组成部分之一。在纤维素酶作用下，它的最初水解产物是纤维二糖，在纤维二糖酶的作用下，纤维二糖分解成葡萄糖。所以，纤维素酶是碳素循环中一个重要的酶。通过测定纤维素活性，使学生了解纤维素活性在碳素循环中的重要作用，掌握其测定方法和原理，能熟练使用分光光度计。

二、实验原理

在纤维素酶的参与下，纤维素最终被水解生成葡萄糖。可根据纤维素水解产物——葡萄糖与某些物质（蒽酮、二硝基水杨酸）生成有色化合物进行比色测定。葡萄糖与3,5-二硝基水杨酸反应而生成橙色的3-氨基-5-硝基水杨酸。颜色深度与葡萄糖量相关，因而可用分光光度计测定葡萄糖量来表示纤维素酶的活性。

三、仪器和设备

三角瓶（50 mL）、容量瓶（25 mL、50 mL、100 mL、1 000 mL）、移液管（10 mL）、烘箱、分光光度计、恒温培养箱、分析天平（万分之一）。

四、材料与试剂

（一）药品

羧甲基纤维素钠、磷酸氢二钠（$Na_2HPO_4·2H_2O$）、磷酸二氢钾（KH_2PO_4）、甲苯、二硝基水杨酸、葡萄糖。

（二）配制方法

质量分数为1%的羧甲基纤维素溶液：采用分析天平称取1.000 0 g羧甲基纤维素钠，溶于用质量分数为50%的乙醇中，使用玻璃棒引流入100 mL容量瓶中，用质量分数为50%的乙醇定容至100 mL。

3,5-二硝基水杨酸溶液：采用分析天平称取 0.500 0 g 二硝基水杨酸，溶于20 mL浓度为2 mol/L的氢氧化钠和50 mL水中，再加30.000 0 g酒石酸钾钠，使用玻璃棒引流入100 mL容量瓶中，用蒸馏水定容至100 mL（不超过7 d）。

pH=5.5 的磷酸缓冲液：使用移液管量取 0.5 mL 浓度为 1/15 mol/L 的磷酸氢二钠（11.867 0 g $Na_2HPO_4·2H_2O$ 溶于 1 L 蒸馏水中），加 9.5 mL 浓度为 1/15 mol/L 的磷酸二氢钾（9.078 0 g KH_2PO_4溶于 1 L 蒸馏水中）即成，分别置于 1 000 mL 容量瓶中。

葡萄糖标准溶液：1 mL标准液含0.2～0.8 mg葡萄糖。

标准曲线的绘制：分别取不同浓度标准葡萄糖溶液 1 mL 使用玻璃棒引流入 25 mL 容量瓶中，加 3 mL 二硝基水杨酸溶液。将试管放在沸腾水浴上 5 min，迅速冷却 3 min，用蒸馏水定容至 25 mL，15 min 后在分光光度计上于波长 540 nm 处比色测定。以光密度值为纵坐标，以葡萄糖浓度为横坐标，绘制标准曲线。

五、实验步骤

采用分析天平称取 10.000 0 g 土壤样品，置于 50 mL 三角瓶中，加 20 mL 浓度为 1%的羧甲基纤维素溶液、5 mL pH=5.5 的磷酸盐缓冲液及 1.5 mL 甲苯，将三角瓶放在 37℃恒温箱中培养 72 h。培养结束后，过滤，使用玻璃棒引流至 25 mL 容量瓶中，并用蒸馏水定容至 25 mL。取 1 mL 滤液，然后按绘制标准曲线显色法比色测定光密度值。每一试验处理均应设置以 5 mL 水代替基质的对照，为检验试剂纯度应设无土壤对照。

六、结果计算

纤维素酶活性以 72 h，10.000 0 g 干土生成葡萄糖质量表示。

$$纤维素酶活性=(a_{样品}-a_{无土}-a_{无基质})\times V\times n/m \tag{1-33}$$

式中，$a_{样品}$、$a_{无土}$、$a_{无机质}$——分别表示其由标准曲线求的葡萄糖质量，mg；

V——显色液体积，mL；

n——分取倍数；

m——烘干土的质量，g。

七、注意事项

（1）甲苯有毒，操作的时候在通风橱中进行。

（2）培养期间温度一定要达到 37℃，且时间要达到 72 h。

八、思考题

（1）测定纤维素酶活性的方法原理是什么？

（2）测定纤维素酶活性所用的缓冲液的作用是什么？

实验十六 土壤微生物生物量 C、N 的测定

土壤微生物生物量碳（C）是指土壤中所有活微生物体中碳的总量，通常占微生物干物质的 40%～45%，是反映土壤微生物生物量大小的重要指标。土壤微生物生物量碳只是土壤有机碳很少的一部分，一般占土壤有机碳的 1%～5%，是土壤有机碳最活跃的部分，直接调控土壤有机质的转化过程。

氮（N）是微生物的必需营养元素，也是微生物细胞的重要组成元素。微生物中 N 的组成成分包括蛋白质、多肽、氨基酸和核酸等，其中蛋白质和多肽占 20%～50%、氨基糖态氮占 5%～10%、氨基酸态氮占 1%～5%、核酸态氮占 1%以下。土壤微生物生物量氮（N）是指土壤中所有活微生物体内所含有的氮的总量，占土壤有机氮总量的 1%～5%，是土壤中最活跃的有机氮组分，其周转速率快，对于土壤氮素循环及植物氮素营养起着重要作用。

一、实验目的

土壤微生物生物量 C、N 比例可以作为评价土壤氮素供应能力和有效性的指标。测定土壤微生物生物量 C、N，有助于了解土壤中碳和氮的供应状况。测定土壤微生物生物量 C、N 的主要方法为熏蒸培养法（Fumigation-incubation，FI）和熏蒸提取法（Fumigation-extraction，FE），目前用得最多的是熏蒸提取法。通过测定土壤微生物生物量 C 和 N，使学生掌握土壤微生物生物量 C 和 N 在土壤氮素供应能力和在有效性的评价中的重要作用，掌握其不同的测定方法和原理以及在提取和熏蒸过程中的注意事项。

二、实验原理

熏蒸提取法测定微生物量 C、N 的原理：新鲜土壤经氯仿熏蒸（24 h）后，

被杀死的土壤微生物生物量 C、N，能够以一定比例被浓度为 0.5 mol/L 的 K_2SO_4 溶液提取并被定量地测定出来，根据熏蒸与未熏蒸土壤测定的有机碳量的差值和提取效率（转换系数 k_{EC}）估计土壤微生物生物量 C 和微生物物量 N。

A. 土壤微生物生物量 C 的测定（容量分析法）

一、仪器和设备

振荡器、可调加液器（50 mL）、可调移液器（5 mL）、烧杯（50 mL）、聚乙烯塑料瓶（150 mL、200 mL）、三角瓶（150 mL）、容量瓶（1 000 mL）、消化管（150 mL，24 mm×295 mm）、酸式滴定管（50 mL）、土壤筛（孔径 2 mm）、真空干燥器、水泵抽真空装置、pH 自动滴定仪、分析天平（万分之一）。

二、材料与试剂

硫酸钾提取剂［c（K_2SO_4）=0.5 mol/L］：采用分析天平称取 43.570 0 g 分析纯硫酸钾，溶于 1 L 去离子水中。

重铬酸钾-硫酸溶液（0.018 mol/L $K_2Cr_2O_7$-12 mol/L H_2SO_2）：采用分析天平称取 5.300 0 g 分析纯重铬酸钾，溶于 400 mL 去离子水中，缓缓加入 435 mL 分析纯浓硫酸（H_2SO_4，ρ=1.84 g/mL），边加边搅拌，冷却至室温后，使用玻璃棒引流至 1 000 mL 容量瓶中，用去离子水定容至 1 000 mL。

重铬酸钾标准溶液［c（$K_2Cr_2O_7$）=0.05 mol/L］：采用分析天平称取 2.451 5 g 分析纯重铬酸钾（称量前 130℃烘干 2 h）溶于去离子水中，使用玻璃棒引流至 1 000 mL 容量瓶中，用去离子水定容至 1 000 mL。

邻啡罗啉指示剂：采用分析天平称取 1.490 0 g 邻啡罗啉溶于 100 mL 浓度为 0.7%的分析纯硫酸亚铁溶液中。此溶液易变质，应密封保存于棕色试剂瓶中。

硫酸亚铁溶液［c（$Fe_2SO_4\cdot 7H_2O$）=0.05 mol/L］：采用分析天平称取 13.900 0 g 分析纯硫酸亚铁，溶于 800 mL 去离子水中，缓缓加入 5 mL 分析纯浓硫酸，使用玻璃棒引流入 1 000 mL 容量瓶中，用去离子水定容至 1 000 mL，保存于棕色试剂瓶中。此溶液易被空气氧化，每次使用时应标定其准确浓度。标定方法：使用移液管量取 20.00 mL 上述浓度为 0.05 mol/L 的重铬酸钾标准溶液于 150 mL 三角瓶中，加 3 mL 分析纯浓硫酸和 1 滴邻啡罗啉指示剂，用硫酸亚铁溶液滴定至终点，根据所消耗的硫酸亚铁溶液量计算其准确浓度。计算公式如下：

$$C_2 = C_1V_1 / V_2 \tag{1-34}$$

式中，C_1 —— 重铬酸钾标准溶液浓度，mol/L；

C_2 —— 硫酸亚铁标准溶液浓度，mol/L；

V_1 —— 重铬酸钾标准溶液体积，mL；

V_2 —— 滴定至终点时所消耗的硫酸亚铁溶液体积，mL。

三、实验步骤

（一）土样前处理

新鲜土壤应立即处理或保存于 4℃冰箱中，测定前除去土样中可见植物残体（如根、茎和叶）及土壤动物（蚯蚓等），过筛（孔径 2 mm），彻底混匀。处理过程应尽量避免破坏土壤结构，土壤含水量过高时应在室内适当风干，以手感湿润疏松但不结块为宜（约为饱和持水量的 40%）。土壤湿度不够可以用蒸馏水调节至饱和持水量的 40%。此时样品即可用于土壤测定。开展其他研究（如培养试验）可将土壤置于密闭的大塑料桶内培养 7～15 d，桶内应有适量水以保持湿度，内放一小杯浓度为 1 mol/L 的 NaOH 溶液吸收土壤呼吸产生的 CO_2，培养温度为 25℃，经过培养的土壤应立即分析。如果需要保留，应放置于 4℃的冷藏箱中，下次使用前需要在上述条件下至少培养 24 h。这些过程是为了消除土壤水分含量对微生物的影响，以及植物残体组织对测定的干扰。

土壤饱和持水量测定可按 Shaw（1958）的方法：在圆形漏斗颈上装一带夹子的橡皮管，漏斗内塞上玻璃纤维塞，取 50.000 0 g 土壤于漏斗中，夹紧橡皮塞，加入 50 mL 水保持 30 min，然后打开夹子并测定 30 min 内滴下的水的体积，加入的水量减已滴下的水量再加原来土壤中含的水量即为该土壤的饱和含水量。

（二）土壤熏蒸

采用分析天平称取经前处理的新鲜土壤（含水量为饱和持水量的 40%）3 份

25.000 0g（烘干基重）土样于 50 mL 烧杯中，用去乙醇氯仿熏蒸。将其置于底部有少量水（约 200 mL）和去乙醇氯仿（40 mL）的真空干燥器中，氯仿加入烧杯中，并在其中放入经浓硫酸处理的碎瓷片（0.5 cm 大小，防爆）。在−0.07 MPa 真空度下使氯仿剧烈沸腾 3～5 min 后，关闭真空干燥器阀门，移置在 25℃黑暗条件下熏蒸土壤 24 h；然后将土壤转入另一干净的真空干燥器中，反复抽真空（−0.07 MPa）6 次，每次 3 min，彻底除去土壤中的氯仿（残留在土壤中的氯仿对提取碳的测定有较大的影响）。

在熏蒸时，另取 3 份 25.000 0 g（烘干基重）土壤于 125 mL 提取瓶中（为不熏蒸对照）。由于熏蒸过程需要 24 h，因此通常在熏蒸时，将不熏蒸土壤置于 4℃条件下保存。

（三）提取

将熏蒸土壤无损地转移到 200 mL 聚乙烯塑料瓶中，加入 100 mL 浓度为 0.5 mol/L 的 K_2SO_4 溶液，（土水质量比为 1∶4），振荡 30 min（3 000 r/min），用中速定量滤纸过滤于 125 mL 塑料瓶中。熏蒸开始的同时，另称取等量的 3 份土壤于 200 mL 聚乙烯提取塑料瓶中，直接加入 100 mL 浓度为 0.5 mol/L 的 K_2SO_4 溶液提取；另外做 3 个无土壤空白组。提取液应立即分析，或在−18℃下保存。

注意提取液保存时间过长（＞20 h）会导致测定含量下降。低温（−18℃）下保存的土壤提取液，解冻后会出现一些白色沉淀（$CaSO_4$ 或 K_2SO_4 结晶），对有机碳测定没有影响，不必除去，但取样前应充分摇匀。

（四）测定

使用移液管量取 10 mL 上述土壤提取液，置于 150 mL 消化管（24 mm×295 mm）中，准确加入 10 mL 浓度为 0.018 mol/L 的 $K_2Cr_2O_7$ 溶液和浓度为 12 mol/L 的 H_2SO_4 溶液，再加入 3～4 片经浓盐酸溶液浸泡过夜后洗涤烘干的瓷片（0.5 cm 大小，防暴沸），混匀后置于（175±1）℃磷酸浴中煮沸 10 min（消化管放入前磷酸浴温度应调节到 179℃左右，放入后恰好为所需温度）。冷却后，将溶液无损地转移到 150 mL 三角瓶中，用去离子水洗涤消化管 3～5 次使溶液体积约为 80 mL，加入 1 滴邻啡罗啉指示剂，用浓度为 0.05 mol/L 的硫酸亚铁标准溶液滴定，溶液颜色由橙黄色变为蓝绿色，再变为棕红色即为滴定终点。

四、结果计算

$$\text{有机碳量(mg / kg)} = \frac{\frac{12}{4\times 10^{3}} M(V_0 - V) f}{W} \qquad (1\text{-}35)$$

式中，M—— Fe_2SO_4溶液浓度，g/L；

V_0、V—— 分别为空白和样品消耗的 Fe_2SO_4溶液体积，mL；

f—— 稀释倍数；

W—— 烘干土的质量，g；

12 —— 碳的毫摩尔质量，g；

10^3 —— 换算系数。

$$\text{土壤微生物生物量碳} = E_C / k_{E_C} \qquad (1\text{-}36)$$

式中，E_C —— 熏蒸与未熏蒸土壤生物量碳的差值；

k_{E_C} —— 转换系数，取值 0.38。

B．土壤微生物生物量碳的测定（仪器分析法）

一、仪器和设备

碳—自动分析仪（Phoenix 8000）、容量瓶（1 000 mL）、样品瓶、土壤筛（孔径 2 mm）、真空干燥器、水泵抽真空装置、分析天平（万分之一）。

二、材料与试剂

去乙醇氯仿制备：将氯仿试剂按 1∶2（v∶v）的比例与去离子水或蒸馏水一起放入分液漏斗中，充分摇动 1 min，慢慢放出底层氯仿于烧杯中，如此洗涤 3 次。得到的无乙醇氯仿加入无水氯化钙，以除去氯仿中的水分。纯化后的氯仿置于暗色试剂瓶中，在低温（4℃）、黑暗状态下保存。

硫酸钾提取剂［c（K_2SO_4）= 0.5 mol/L］：参见微生物生物量碳的测定中容量

分析法。

六偏磷酸钠溶液［$\rho(NaPO_3)_6$ =5 g/100 mL），pH 为 2.0］：采用分析天平称取 50.000 0 g 分析纯六偏磷酸钠，缓慢加入盛有 800 mL 去离子水的烧杯中（注意：六偏磷酸钠溶解速度很慢，且易粘在烧杯底部结块，加热易使烧杯破裂），缓慢加热（或置于超声波水浴器中）至完全溶化，用分析纯浓磷酸调节至 pH 为 2.0，冷却后，使用玻璃棒引流至 1 000 mL 容量瓶中，用去离子水定容至 1 000 mL。

过硫酸钾溶液［ρ（$K_2S_2O_8$）=2 g/100 mL］：采用分析天平称取 20.000 0 g 分析纯过硫酸钾，溶于去离子水，使用玻璃棒引流入 1 000 mL 容量瓶中，用去离子水定容至 1 000 mL，避光存放，使用期最多为 7 d。

磷酸溶液［ρ（H_3PO_4）= 21 g/100 mL］：37 mL 浓度为 85%的分析纯浓磷酸（H_4PO_4 ρ=1.70 g/mL）与 188 mL 去离子水混合。

邻苯二甲酸氢钾标准溶液［ρ（$C_6H_3CO_2HCO_2K$）= 1 000 mgC/L］：采用分析天平称取 2.125 4 g 分析纯邻苯二甲酸氢钾（称量前 105℃烘干 2～3 h），溶于去离子水中，使用玻璃棒引流入 1 000 mL 容量瓶中，用去离子水定容至 1 000 mL。

三、实验步骤

（1）土壤提取，参见微生物生物量碳的测定中容量分析法。

（2）土壤熏蒸，参见微生物生物量碳的测定中容量分析法。

（3）测定

使用移液管量取 10.0 mL 土壤提取液，置于 40 mL 样品瓶中（注意解冻的提取液在取样前应均匀），加入 10 mL 六偏磷酸钠溶液（pH 为 2.0），于碳一自动分析仪（Phoenix 8000）上测定有机碳含量。

工作曲线：分别吸取 0.00 mL、2.00 mL、4.00 mL、6.00 mL、8.00 mL、10.00 mL 质量浓度为 1 000 mg·C/L 的邻苯二甲酸氢钾标准溶液于 100 mL 容量瓶中，用去离子水定容至 100 mL，即得质量浓度为 0 mg·C/L、20 mg·C/L、40 mg·C/L、60 mg·C/L、80 mg·C/L、100 mg·C/L 的系列标准碳溶液，按上述方法测定。

四、结果计算

$$土壤微生物生物量碳 = E_C / k_{E_C} \tag{1-37}$$

式中，E_C —— 熏蒸与未熏蒸土壤的差值；

k_{E_C} —— 转换系数，取值 0.45。

C．土壤微生物生物量氮的测定（全氮测定法）

一、仪器和设备

流动注射氮分析仪（FIAstar 5000）或定氮仪、pH 自动滴定仪、真空抽滤瓶、微孔膜（ϕ＜0.45 μm）、容量瓶（1 000 mL）、分析天平（万分之一）、消化管（250 mL）等。

二、材料与试剂

去乙醇氯仿：参见微生物生物量碳的测定中容量分析法。

硫酸钾提取剂［c（K_2SO_4）= 0.5 mol/L］：参见微生物生物量碳的测定中容量分析法。

硫酸铬钾还原剂［c（$KCr(SO_4)_2 \cdot 12H_2O$）=50 g/L］：采用分析天平称取 50.000 0 g 分析纯硫酸铬钾，溶于 200 mL 分析纯浓硫酸（$H_2SO_4 \cdot \rho$=1.84 g/mL）中，使用玻璃棒引流至 1 000 mL 容量瓶中，用去离子水定容至 1 000 mL。

硫酸铜溶液［c（$CuSO_4$）= 0.19 mol/L］：采用分析天平称取 30.324 0 g 分析纯硫酸铜，溶于去离子水中，使用玻璃棒引流至 1 000 mL 容量瓶中，用去离子水定容至 1 000 mL。

氢氧化钠溶液［c（NaOH）= 10 mol/L］：采用分析天平称取 400.000 0 g 分析纯氢氧化钠，溶于去离子水中，使用玻璃棒引流至 1 000 mL 容量瓶中，用去离子水定容至 1 000 mL。

氢氧化钠溶液［c（NaOH）= 4 mol/L］：采用分析天平称取 160.000 0 g 分析纯氨氧化钠，溶于去离子水中，使用玻璃棒引流至 1 000 mL 容量瓶中，用去离子水定容至 1 000 mL，抽滤（0.45 μm 微孔滤膜）。

氢氧化钠溶液［c（NaOH）= 0.01 mol/L］：使用移液管量取 2.5 mL 浓度为 4 mol/L 的 NaOH 溶液溶于去离子水中，使用玻璃棒引流至 1 000 mL 容量瓶中，用去离子水定容至 1 000 mL。

硼酸溶液［c（H_3BO_4）= 20 g/L］：采用分析天平称取 20.000 0 g 分析纯硼酸，

溶于去离子水中，使用玻璃棒引流至 1 000 mL 容量瓶中，用去离子水定容至 1 000 mL。

硫酸溶液［c（H_2SO_4）= 0.05 mol/L］：使用移液管量取 28.8 mL 浓度为 98% 的分析纯浓硫酸（H_2SO_4，ρ=1.84 g/mL），用去离子水稀释至 1 L，此溶液硫酸浓度为 0.5 mol/L，稀释 10 倍即得到浓度为 0.05 mol/L 的硫酸溶液，再用浓度为 0.1 mol/L 的硼砂溶液标定其准确浓度，也可用盐酸溶液代替硫酸。

指示剂贮存液：采用分析天平称取 0.500 0 g 氨混合指示剂，溶于 5.0 mL 浓度为 0.01 mol/L 的 NaOH 溶液中，再与 5.0 mL 浓度为 95%的乙醇混合，使用玻璃棒引流至 1 000 mL 容量瓶中，用去离子水定容至 1 000 mL。该贮存液使用期限为 1 个月。

指示剂溶液：10 mL 指示剂贮存液用去离子水稀释至 500 mL，抽滤（0.45 μm 微孔滤膜）。注意：该溶液应在使用的前一天配制，最多可使用一周。

氯化铵标准贮存液［ρ（NH_4Cl）=1 000 μg/mL］：采用分析天平称取 3.819 0 g 分析纯氯化铵（称量前 105℃烘 2～3 h），溶于去离子水中，使用玻璃棒引流入 1 000 mL 容量瓶中，用去离子水定容至 1 000 mL。该贮存液在 4℃下可稳定保存数月。

氯化铵标准溶液［ρ（NH_4C1）=50 μg/mL］：使用移液管量取 10 mL 浓度为 1 000 μg/mL 的氯化铵贮存液，溶于去离子水中，使用玻璃棒引流入 200 mL 容量瓶中，用去离子水定容至 200 mL，该溶液最多保存 7 d。

三、实验步骤

（1）土壤前处理、熏蒸微生物生物量碳的测定中容量分析法。

（2）提取参见仪器分析法。

（3）提取液中硝态氮还原

使用移液管量取 15.00 mL 提取液，置于 250 mL 消化管中，加入 10 mL 硫酸铬钾还原剂和 300 mg 锌粉，至少放置 2 h 后消化。

（4）消化

方法Ⅰ：使用移液管量取 15.0 mL 上述提取液（或经还原反应后的样液），置于 250 mL 消化管中，加入 0.3 mL 浓度为 0.19 mol/L 的硫酸铜溶液、5 mL 分析纯浓硫酸及少量防暴沸的颗粒物，混合液消化变清后，再回流 3 h。

方法Ⅱ：使用移液管量取 15.00 mL 上述提取液，置于消化管中，加入 0.25 mL 浓硫酸酸化后，置于电热板上在 110～120℃下使溶液浓缩至 1～2 mL，冷却后，加入 3 mL 浓硫酸、1 g Na_2SO_4 和 0.1 g $CuSO_4$ 340℃下消化 3 h。

（5）消化液中氮测定

蒸馏法：使用移液管量取 15.00 mL 提取液，置于消化管中，加入 10 mL 硫酸铬钾还原剂和 300 mg 锌粉，至少放置 2 h 再消化。消化液冷却后加入 20 mL 去离子水，待再冷却后慢慢加入 25 mL 浓度为 10 mol/L 的 NaOH 溶液，边加边混匀，以免因局部碱浓度过高而引起 NH_3 的挥发损失，将消化管连接到定氮蒸馏装置上，再加入 25 mL 浓度为 10 mol/L 的 NaOH 溶液，打开蒸汽进行蒸馏，馏出液用 5 mL 浓度为 2%的硼酸溶液吸收，至溶液体积为 40 mL 左右。用浓度为 0.05 mol/L 的 H_2SO_4 溶液滴定至终点，亦可采用 pH-自动滴定溶液 pH 至 4.7。

仪器法：消化液冷却后，用去离子水洗涤，无损转移到 100 mL 容量瓶中，至体积大约为 70 mL；待冷却后缓慢加入 10 mL 浓度为 10 mol/L 的 NaOH 溶液中和部分 H_2SO_4，边加边充分混匀，以免因局部碱浓度过高而引起 NH_3 的挥发损失，冷却后，用去离子水定容至 100 mL。溶液中 NH_4^+ 含量采用流动注射氮分析仪（FIAstar 5000）测定。采用 40 μL 样品圈，KTN 扩散膜（耐强酸和强碱），载液为去离子水，试剂 I 为浓度为 4 mol/L 的 NaOH 溶液，试剂Ⅱ为指示剂溶液。

标准工作溶液制备：分别使用移液管量取 0.00 mL、0.50 mL、1.00 mL、2.00 mL、3.00 mL、4.00 mL、5.00 mL 质量浓度为 50 μg/mL 的氯化铵标准溶液于 100 mL 容量瓶中，再分别用去离子水洗涤转移一个空白消化液于容量瓶中，用去离子水定容至 100 mL，即得质量浓度分别为 0 μg/mL、0.25 μg/mL、0.5 μg/mL、1.0 μg/mL、1.5 μg/mL、2.0 μg/mL、2.5 μg/mL 的系列氯化铵标准工作溶液，同上测定。

四、结果计算

$$\text{土壤微生物生物量氮} = E_{\mathrm{N}} / k_{E_{\mathrm{N}}} \tag{1-38}$$

式中，E_{N} —— 熏蒸与未熏蒸土壤生物量氮的差值；

$k_{E_{\mathrm{N}}}$ —— 转换系数，取值 0.45。

五、注意事项

（1）氯仿具有致癌作用，必须在通风橱中进行操作。

（2）熏蒸的时候仪器一定要密封，抽真空的时候看到有气泡冒出为止，如果没有气泡冒出，说明熏蒸失败。

六、思考题

（1）熏蒸法测定生物量 C、N 的原理是什么？

（2）土壤微生物量 C、N 对土壤养分含量有哪些作用？

实验十七 土壤中 Cd 和 Pb 含量的测定方法

土壤重金属污染是世界各国关注的重要环境问题之一，按现行的国家土壤环境质量标准评价，我国受重金属污染的耕地面积在 2 000 万 km^2 以上。土壤重金属污染，通常是无色无味的积累性污染，具有隐蔽性、潜伏性和难恢复性。土壤重金属污染通过生物吸收积累，降低作物产量与品质，或者危害生态系统和人类健康，造成严重后果。鉴于重金属污染的普遍性和严重性，土壤重金属监测对于土壤重金属调查、土壤重金属污染源头管控、重金属含量分类管理和土壤重金属基准指导等土壤重金属污染防治工作具有重要的指导意义。

土壤中的 Cd 和 Pb 主要来源于采矿、选矿、有色金属冶炼、蓄电池厂、电镀厂、合金厂和涂料厂等产生的废渣、废水和废气等。Cd 和 Pb 不仅可以直接改变土壤理化性质、破坏土壤生态结构、毒害土壤生物和植物，还可以通过食物链迁移转化，严重威胁人体健康。随着科学技术的不断发展，土壤重金属检测由传统单一检测法向多种检测方法联用发展，同时使用检测仪器向智能化和自动化发展。目前，Cd 和 Pb 在土壤中含量的测定方法有传统的电化学法、光学检测法、生物间接法和高光谱技术等。快速、准确地测定 Cd 和 Pb 含量是土壤环境监测的重要任务之一。

一、实验目的

通过学习土壤 Cd 和 Pb 含量的测定方法，使学生了解土壤重金属含量测定的常规仪器的使用方法和注意事项，掌握土壤 Cd 和 Pb 含量的测定原理、消解方法和测定步骤。

二、实验原理

土壤重金属消解：土壤重金属消解的方法有酸式消解法、碱熔消解法、高压釜密闭消解法和微波消解法等。其中，酸式消解法因其省时、成本低、适合大批量样品分析而被广泛应用于土壤重金属消解。采用各种酸在高温环境下破坏复杂的土壤结构，溶出土壤重金属，最后制成适于仪器检测的溶液。本实验使用王水-高氯酸溶液对土壤中的重金属进行消解，使土壤中各形态的重金属得以溶出，以水溶态进行测定。

重金属含量测定：目前，测定方法主要有电感耦合等离子体原子发射光谱法（ICP-AES）、原子吸收光谱法和原子分光光度法等。原子分光光度法是配制标准溶液通过火焰原子吸收分光光度计，以吸光度值为纵坐标，浓度为横坐标，绘制标准曲线，根据火焰原子吸收分光光度计所测的吸光度值，通过计算得到土壤中重金属的含量；其测定成本低，上机易操作，吸收检出率比较高。

三、仪器和设备

沙浴锅、火焰原子吸收分光光度计、容量瓶（50 mL、100 mL）、移液管（5 mL、10 mL）、三角瓶（100 mL）、分析天平（万分之一）、漏斗等。

四、材料与试剂

标准储备溶液：Pb 和 Cd 溶液的质量浓度均为 1 000 mg/L。

标准工作溶液：Pb 和 Cd 溶液的质量浓度均为 100 mg/L，用标准储备液按要求逐级稀释制得。

标准溶液配制：

铅标准工作溶液：使用移液管准确量取 10.00 mL 铅标准溶液（1 000 mg/L）于 100 mL 容量瓶中，加入 5 滴浓度为 6 mol/mL 的盐酸，用去离子水定容至 100 mL，混匀后得质量浓度为 100 mg/L 的铅标准储备溶液。Cd 标准溶液同上依次配制。

标准系列液配制：

用去离子水定容至 100 mL，用移液管分别向 100 mL 容量瓶中移入 1 mL、5 mL、10 mL、20 mL、30 mL 上述标准溶液，其质量浓度分别为 1 mg/L、5 mg/L、10 mg/L、

20 mg/L、30 mg/L。

高氯酸、盐酸、浓硝酸均为国标以上级。

实验用水为去离子水。

五、实验步骤

（1）将采集的土壤样品（约 500 g）混匀后用四分法缩分至 100 g，缩分后的土样经风干后，除去土样中的石子和动植物残体等异物。玛瑙研钵将土壤样品碾压，过 2 mm 尼龙筛除去 2 mm 以上的沙粒，混匀。上述土样进一步研磨，再过 100 目尼龙筛，试样混匀后装入密封袋备用。

（2）采用分析天平称取风干土壤（过 100 目筛）0.000 1 g 于三角瓶中，加数滴去离子水湿润，再加入 3 mL HCl 和 1 mL HNO_3（或加入配好的王水 4～5 mL），盖上小漏斗置于通风橱中浸泡过夜。第 2 天放在控温电热板上加热，80～90℃消解 30 min、100～110℃消解 30 min、120～130℃消解 1 h，取下置于通风处冷却。加入 1 mL $HClO_4$ 于 100～110℃条件下继续消解 30 min，120～130℃消解 1 h。冷却，使用玻璃棒引流，转移至 50 mL 容量瓶中，用去离子水定容至 50 mL，过滤至样品存储瓶中待测。

消解时最高温度不可超过 130℃。消化管底部只残留少许浅黄色或白色固体残渣时，说明消化已完全。如果还有较多土壤色固体存在，说明消化未完全，应继续 120～130℃消化直至完全。

（3）使用火焰原子吸收分光光度计进行测定标准系列液，记录下吸光光度值和对应的浓度 c 值。以吸光光度值为纵坐标，浓度为横坐标，绘制标准曲线。

（4）将操作（2）中定容后的样品通过操作（3）进行测定吸光光度值，根据标准曲线计算重金属浓度，单位为 mg/L。将土壤中重金属含量测定结果记入表 1-15 中。

六、结果计算

土壤中重金属的含量计算公式如下：

$$q=\frac{c\times V}{m} \tag{1-39}$$

式中，q —— 土壤中重金属的含量，mg/g；

c —— 火焰原子吸收分光光度计所测定的浓度，mg/L；

V —— 定容后的体积，L；

m —— 所称土样的质量，g。

表 1-15　土壤中重金属含量测定记录

土样的质量/g	金属	c /（mg/L）	q /（mg/g）
	Cd		
	Pb		
	Cd		
	Pb		
	Cd		
	Pb		

平均值：Cd 含量为________mg/g，Pb 含量为_______mg/g。

七、注意事项

（1）所有实验用的玻璃器皿需提前一天用低浓度的硝酸浸泡过夜，并用蒸馏水进行润洗后方可使用。

（2）土壤消煮加入高氯酸时要少量多次，至土样灰白。

（3）使用火焰原子吸收分光光度计时要打开门窗和抽烟机，以防乙炔气体中毒。

（4）配制的标准溶液作出的标准曲线相关性要高，检测值要在样品浓度范围内，检测值过高要进行稀释处理后再测。

（5）检测过程要注意进样和火焰是否正常。

（6）为了防止过滤不干净堵塞进样管，可以进行二次过滤。

八、思考题

（1）查阅相关资料，了解土壤消解和土壤重金属含量测定的其他方法。

（2）查阅有关标准，判断该地区土壤中的 Cd 和 Pb 含量是否超标？

（3）了解当前都有哪些土壤修复技术？各修复技术有何优缺点？

实验十八　植物中 Cd 和 Pb 含量的测定方法

植物吸收重金属并将其转移和积累到地上部，要经过一系列的生理生化过程。包括根际土壤重金属离子的活化，经植物根系吸收后，通过木质部向地上部运输，从木质部卸载到叶细胞，通过叶细胞内的分配与区室化等，完成其在植物体内的积累和分布。不同植物对重金属的吸收和转运能力有所不同，同一植物对不同重金属的吸收和转运也存在差异，当重金属在植物体内积累超过一定量时，就会对植物产生伤害，影响植物的生长和发育，通过食物链进入人体，危及人类的健康。

Cd 和 Pb 是植物生长非必需的元素，Cd 和 Pb 在植物体内的形态、吸收、迁移、转化、积累过程及其生物学效应等十分复杂。测定植物中 Cd 和 Pb 含量，对于评价植物对 Cd 和 Pb 的累积特征、农作物生长和农产品安全具有重要的意义。

一、实验目的

通过测定植物中 Cd 和 Pb 含量，使学生了解植株样品制备、消解方法和原子吸收分光光度法测定的原理。掌握植株样品中 Cd 和 Pb 含量测定及污染量标准的评价方法。

二、实验原理

原子吸收分光光度法也称原子吸收光谱法，简称原子吸收法。该方法可测定 70 多种元素，具有测定快速、准确、干扰少、可用同一试样分别测定多种元素等优点。当样品中待测元素含量较低时，可采用石墨炉原子吸收法测定，灵敏度较高。

火焰原子吸收法是将含待测元素的溶液通过原子化系统的雾化室雾化，随载气进入火焰，并在火焰中解离成基态原子。当空心阴极灯辐射出待测元素的特征波长通过火焰时，因被火焰中待测元素的基态原子吸收而减弱。在一定实验条件下，特征光光强波长的变化与火焰中待测元素基态原子的浓度呈线性关系，从而可以定量试样中待测元素的浓度。

石墨炉原子吸收法是将含待测元素的溶液直接注入石墨管，测定时，石墨炉分 3 个阶段加热升温：首先以低温（小电流）干燥试样，使溶剂完全挥发，但以不发生剧烈沸腾为宜，称为干燥阶段；然后用中等电流加热，使试样灰化或炭化，称为灰化阶段，在此阶段应有足够长的灰化时间和足够高的灰化温度，使试样基体完全蒸发，被测元素不受损失；最后用大电流加热，使待测元素迅速原子化，称为原子化阶段。测定结束后，将温度升至最大允许值并维持一定的时间，以除去残留物、消除记忆效应，做好下一次进样准备。

三、仪器和设备

沙浴锅、原子吸收分光光度计（附石墨炉及铜空心阴极灯）、容量瓶（50 mL、100 mL）、移液管（1 mL、10 mL）、三角瓶（150 mL）、分析天平、筛子（200 目）、研钵。

四、材料与试剂

高氯酸（分析纯）、盐酸、硝酸、蒸馏水。

配制 Cd 和 Pb 的标准溶液：

①标准系列储备液的制备

Cd 和 Pb 溶液的质量浓度均为 1 000 mg/L。

②标准溶液配制

分别向 100 mL 容量瓶中，用移液管移入 10 mL 上述各标准储备液，加入 5 滴浓度为 6 mol/mL 的盐酸，用去离子水稀释至 100 mL，配得标准溶液质量浓度为 100 mg/L。

③标准系列液配制

用去离子水稀释至 100 mL，向 100 mL 容量瓶中，用移液管分别移入 1 mL、5 mL、10 mL、20 mL、30 mL 上述标准溶液，其质量浓度分别为 1 mg/L、5 mg/L、10 mg/L、20 mg/L、30 mg/L。

所有重金属的标准溶液均按此步骤进行配制。

五、实验步骤

（1）将采集回来的植物样品用自来水冲洗数遍以去除表面的泥土和污物，再用去离子水冲洗 2～3 遍；将样品置于干净的塑料纸上晾干。

（2）样品晒干后用烘箱于 65℃烘至恒重，将其用研钵研细，用 200 目筛子筛滤，将滤出的细粉末密封装入袋中置于干燥器中待用，样品袋上贴上标签，注明样号、采样地点。

（3）用分析天平称取 2.000 0 g 已研细的植物样品，置于洁净的 150 mL 三角瓶中，每个样品平行称取 3 份。各样品中加入 24 mL 混酸（HNO_3∶$HClO_4$=5∶1），加玻璃盖浸泡过夜，再置于 50℃沙浴锅上消解，消解至白烟散尽消化液略呈浅黄色（若消化液呈棕黑色，待其冷却后加混合酸继续消解），当烧杯中溶液剩余 1 mL 时停止加热，冷却后过滤，滤液使用玻璃棒引入 50 mL 的容量瓶中，注意用去离子水多次润洗烧杯，再用去离子水定容至 50 mL，混匀待测。

（4）使用火焰（或石墨炉）原子吸收分光光度计测定标准系列液，记录下吸光光度值和对应的质量浓度 c。以吸光光度值为纵坐标，浓度为横坐标，绘制标准曲线。

（5）使用火焰（或石墨炉）原子吸收分光光度计进行测定，记录吸光光度值，根据标准曲线计算重金属质量浓度 c，单位为 mg/L。将植物中重金属含量测定结果记入表 1-16 中。

六、结果计算

植物中重金属的含量计算公式如下：

$$q=\frac{c\times V}{m} \tag{1-40}$$

式中，q —— 植物中重金属的含量，mg/g；

c —— 火焰原子吸收分光光度计所测定的质量浓度，mg/L；

V —— 定容后的体积，L；

m —— 所称植物样品的质量，g。

表 1-16　植物中重金属含量测定记录

植物样品的含量/g	金属	c /（mg/L）	q /（mg/g）
	Cd		
	Pb		
	Cd		
	Pb		
	Cd		
	Pb		

平均值：Cd 含量为________mg/g，Pb 含量为______mg/g。

七、注意事项

（1）所有实验用的玻璃器皿需提前一天用低浓度的硝酸浸泡过夜并用蒸馏水进行润洗后方可使用。

（2）配制的标准溶液作出的标准曲线相关性要高，检测值要在样品浓度范围内，检测值过高要进行稀释处理后再测。

（3）检测过程要注意进样管和火焰是否正常。

八、思考题

（1）查阅相关资料了解植物消解的方法，并详细比较优缺点。

（2）查阅相关标准，判断容易富集 Cd 和 Pb 的农作物品种，与低富集作物进行比较分析。

（3）列举 Cd 和 Pb 的超富集植物；说出土壤重金属污染的植物修复技术的优缺点。

实验十九　土壤中 Cd 和 Pb 连续提取态含量的测定方法

土壤重金属的生物可利用性与重金属在土壤中的赋存形态密切相关，有效表征土壤重金属的赋存形态是准确评价土壤重金属生物可利用性的重要环节。重金属形态是指重金属元素在环境中存在的某种具体形式，这种形式体现出重金属的价态、化合态、结合态和结构态四个方面的差异。因此，重金属因其某个或某几个形态不同而表现出不同的毒性和环境行为。

表征与测定重金属元素在环境中存在的各种物理和化学形态的过程叫作重金属形态分析。在取样和分析过程中必须尽可能避免样品中原来存在的形态平衡的破坏与变动，要求分析方法灵敏度高、检出限低。

常用的土壤中重金属的形态分析提取方法有 Tessier 法、BCR 法和 Forstner 法等。Tessier 法将土样中重金属按照水溶态、可交换态、碳酸盐结合态、铁锰氧化物结合态、有机结合态和残渣态进行逐级分离；BCR 法（连续提取法）将土壤中的重金属按照活性高低和生物可利用性大小分为水溶态、弱酸提取态、可还原态、可氧化态、残渣态等。这些形态与土壤质地等物理化学特性有关，而不同形态重金属的环境危害性和生物毒性不同。因此，研究土壤中重金属化学形态及其含量变化，可为评价重金属的环境效应和治理、改善土壤环境质量提供重要参考和依据。

一、实验目的

通过土壤中重金属的形态分析方法，使学生掌握重金属形态分析特点及原理，了解不同重金属形态提取方法的优缺点。掌握各种型号的离心机、原子吸收分光光度计基本操作技术规范。

二、实验原理

重金属形态分析主要分为提取和测定。提取是利用不断增强的萃取剂对不同形态重金属的选择性和专一性逐级提取土壤样品中重金属元素的方法。该方法的最大特点是用几种典型的萃取剂替代自然界中数目繁多的化合物，模拟各种可能的、自然的以及人为的环境条件变化，按照由弱到强的原则，连续溶解不同形态的重金属。提取后样品中重金属含量的测定采用原子吸收分光光度分析法或者电感耦合等离子体发射光谱法。

原子吸收分光光度分析法是一种测量特定气态原子对光辐射的吸收的方法。其基本原理是从空心阴极灯或光源中发射出一束特定波长的入射光，通过原子化器中待测元素的原子蒸汽时，部分被吸收，透过的部分经分光系统和检测系统即可测得该特征谱线被吸收的程度即吸光度，根据吸光度与该元素的原子浓度呈线性关系，即可计算待测物的含量。

电感耦合等离子体发射光谱是根据被测元素的原子或离子，在光源中被激发而产生特征辐射，通过判断这种特征辐射的存在及其强度的大小，对各元素进行定性和定量分析。电感耦合等离子体发射光谱法应用于环境水样、土壤样品中的微量元素分析，在元素分析测试的应用技术中具有简便、分析速度快；检出限低，多数可在 0.005 μg/mL 以下；测量动态线性范围宽，一般可有 5～6 个数量级，可同时进行高含量元素和低含量元素的分析，可达到石墨炉原子吸收光谱仪的部分检出水平；背景干扰低、信噪比高、精密度高、准确性好等优点。

三、仪器和设备

分析天平（万分之一）、离心机、火焰原子吸收分光光度计、离心管（50 mL）、移液管（10 mL）、漏斗、容量瓶（50 mL、100 mL、1 000 mL）、三角瓶（150 mL）、恒温摇床、烘干机、尼龙筛（1 mm、100 目）玛瑙研钵（口径 90 mm）、滴管、pH 计、沙浴锅、水浴锅等。

四、材料与试剂

蒸馏水、0.11 mol/L 的醋酸、0.5 mol/L 的羟基盐酸（$NH_2OH·HCl$）、2 mol/L

的 HNO_3 溶液、30%过氧化氢（H_2O_2）、1 mol/L 的醋酸铵（NH_4OAC）、盐酸、高氯酸、硝酸、重金属的标准溶液。

标准储备溶液：Pb 和 Cd 溶液的质量浓度均为 1 000 mg/L。

标准工作溶液：Pb 和 Cd 溶液的质量浓度均为 100 mg/mL，用标准储备液按要求逐级稀释制得。

高氯酸、盐酸、浓硝酸、醋酸均为国标以上级。

实验用水为去离子水，其余药品均为优级纯。

（1）溶液配制

0.11 mol/L 的醋酸：用移液管量取 6.3 mL 的醋酸，用玻璃棒引入 1 000 mL 的容量瓶中，用蒸馏水定容至 1 000 mL；

0.5 mol/L 的羟基盐酸（$NH_2OH·HCl$）：使用分析天平称取 17.400 0 g 羟基盐酸，溶于 100 mL 蒸馏水中，用玻璃棒引入 500 mL 的容量瓶中，用蒸馏水定容至 500 mL；

2 mol/L 的 HNO_3：用移液管量取 12.6 mL 的硝酸，用玻璃棒引入 1 000 mL 的容量瓶中，用蒸馏水定容至 1 000 mL；

1 mol/L 的醋酸铵（NH_4OAC）：使用分析天平称取 77.000 0 g 的醋酸铵，溶于 100 mL 蒸馏水中，用玻璃棒引入 1 000 mL 的容量瓶中，用蒸馏水定容至 1 000 mL。

（2）配制 Cd 和 Pb 的标准溶液

①标准系列储备液的制备

Cd 和 Pb 溶液的质量浓度均为 1 000 mg/L。

②标准溶液配制

分别向 100 mL 容量瓶中，用移液管移入 10 mL 上述各标准储备液，加入 5 滴 6 mol/mL 的盐酸，用去离子水稀释至 100 mL，配得标准溶液 100 mg/L。

③标准系列液配制

用去离子水稀释至 100 mL，向 100 mL 容量瓶中，用移液管分别移入 1 mL、5 mL、10 mL、20 mL、30 mL 上述标准溶液，其质量浓度分别为 1 mg/L、5 mg/L、10 mg/L、20 mg/L、30 mg/L。

所有重金属的标准溶液均按此步骤进行配制。

五、实验步骤

（1）将采集的土壤样品置于阴凉、通风处晾干，剔除其中的碎石和杂草后，用玻璃棒压散，并通过 1 mm 的尼龙筛后，用四分法多次筛选后取供试样品，装入密封袋备用。

（2）水溶态：采用分析天平准确称取 0.500 0 g 土壤样品，小心装入带盖的 50 mL 硬质塑料圆底离心管中，按 1∶40 的固液比加入煮沸过的蒸馏水 20 mL，在转速为 300 r/min、温度为 25℃的恒温摇床上振荡 2 h，再用离心机于 3 000 r/min 下离心 20 min。过滤后，将上清液用玻璃棒引入 50 mL 的容量瓶中，用蒸馏水定容至 50 mL，为待测水溶态。

（3）弱酸提取态：采用分析天平准确称取 0.500 0 g 样品，小心装入带盖 50 mL 硬质塑料圆底离心管中，按1∶40的固液比加入浓度为0.11 mol/L的醋酸（CH_3COOH）溶液 20 mL，把管口塞紧密封。然后放到恒温摇床上以转速为 300 r/min、温度为 25℃振荡 2 h。振荡完成后，在 3 000 r/min 的离心机中进行离心 20 min，过滤后，将上清液用玻璃棒引入 50 mL 的容量瓶中，用蒸馏水定容至 50 mL，为待测交换态。在残渣中加入 20 mL 蒸馏水振荡 15 min，再离心 20 min，倒掉上清液进行清洗，洗涤完成后保留残渣。

（4）可还原态：用步骤（3）中保留的残渣以 1∶40 的固液比加入浓度为 0.5 mol/L 的羟基盐酸（$NH_2OH·HCL$），用 2 mol/L 的 HNO_3 调 pH 至 1.5，再放到恒温摇床上以转速为 300 r/min、温度为 25℃振荡 2 h，在 3 000 r/min 的离心机中离心 20 min 进行提取，过滤后，将上清液用玻璃棒引入 50 mL 的容量瓶中，用蒸馏水定容至 50 mL，为待测铁锰氧化结合态。在残渣中加入 20 mL 蒸馏水振荡 15 min，离心 20 min，倒掉上清液进行清洗，洗涤完成后保留残渣。

（5）可氧化态：在步骤（4）中保留的残渣中加入 10 mL 浓度为 30%的过氧化氢（H_2O_2），于 85℃的水浴锅中进行有机质消化，待滤液将干时再加入 10 mL 浓度为 30%的 H_2O_2 继续消化，至加入过氧化氢不再冒气泡为消化完毕，待管内溶液快干时取出，冷却管内样品，按 1∶50 的固液比加入浓度为 1 mol/L 的醋酸铵（NH_4OAC）然后用 HNO_3 调节至 pH 为 2.0，再放到恒温摇床上以转速为 300 r/min、温度为 25℃振荡 2 h，在 3 000 r/min 的离心机中离心 20 min 进行提取，过滤后，将上清液用玻璃棒引入 50 mL 的容量瓶中，用蒸馏水定容至 50 mL，为待测可氧化态。将样品于 75℃下烘干，用玛瑙研钵研磨过 100 目的尼龙筛，混匀备用。

（6）残余态的测定：使用分析天平，各称取 3 份 0.200 0 g 的步骤（5）样品和步骤（1）制备的样品于 150 mL 的三角瓶中。各加入 20 mL 的王水（用 HCl：HNO_3 体积比为 3：1 配制而成）浸泡过夜，在沙浴锅上以 140℃加热消解至王水溶液快干时加入高氯酸（$HClO_4$）8 mL，继续加热至溶液剩余 2～3 mL 时，过滤后，将上清液用玻璃棒引入 50 mL 的容量瓶中，用蒸馏水定容至 50 mL，为待测残余态。

（7）使用火焰（或石墨炉）原子吸收分光光度计测定标准系列液，记录下吸光光度值和对应的浓度 c。以吸光光度值为纵坐标，浓度为横坐标，绘制标准曲线。

（8）使用火焰（或石墨炉）原子吸收分光光度计进行测定，记录下对应的浓度 c 值。将土壤中不同形态重金属含量测定结果记入表 1-17 中。

六、结果计算

土壤中重金属的含量计算公式如下：

$$q=\frac{c\times V}{m} \tag{1-41}$$

式中，q —— 土壤中重金属的含量，mg/g；

c —— 火焰原子吸收分光光度计所测定的质量浓度，mg/L；

V —— 定容后的体积，L；

m —— 所称土样的质量，g。

表 1-17　土壤中不同形态重金属含量测定记录

金属	c /（mg/L）			q /（mg/g）			金属含量平均值/（mg/g）
水溶态							
可交换态							
铁锰氧化物结合态							
有机结合态							
残渣态							

注：提供表格仅供 1 种金属元素各形态原始数据及计算结果的填写，若还需填写其他金属元素，请自行复印此表。

七、注意事项

（1）所有实验用的玻璃器皿需提前 1 d 用低浓度的硝酸浸泡过夜并用蒸馏水进行润洗后方可使用。

（2）每次添加完溶液或加热时，前 15 min 要格外小心，避免物质的损失。离心和振荡的过程注意密封离心管，防止提取液漏出。

（3）使用火焰原子吸收分光光度计时，若所测浓度过高，需要对溶液进行稀释处理。

（4）加入过氧化氢时要少量多次，过多会使土壤部分溢出影响实验结果。

八、思考题

（1）简述不同重金属形态对环境和生物危害性的大小。

（2）分析重金属形态的特点，在测定过程中应注意的事项。

实验二十 植物中不同形态重金属含量的测定

重金属（如 Cd、Cu、Ni、Pb、Zn 等）是土壤中常见的污染物，在土壤中主要被碳酸盐、有机质、Fe-Mn 氧化物以及初级和次级矿物所固定。重金属的溶解态是生物利用的主要形式。植物不仅可以通过根系从土壤中吸取重金属，并通过生理生化过程降低重金属对其产生的生物毒性，这与重金属在植物体内存在的形态相关。植物中特别是重金属超富集植物，能够改变重金属在其体内的氧化还原形态和配位环境，合成稳定的、生物毒性较低的化合物，从而最大程度地降低重金属的生物毒性。生物体内的重金属一般与生物配体（有机酸、氨基酸、肽、蛋白质及多糖）形成络合物或螯合物，高浓度金属胁迫下，植物体内的有机酸（如草酸、苹果酸、柠檬酸等）、氨基酸（如组氨酸等）、蛋白质和多肽（如金属硫蛋白 MTS、植物螯合肽 PCs 等）与重金属螯合，对重金属在植物中的转运累积具有重要作用。因此，植物中重金属形态分析对揭示植物（特别是超富集植物）的金属转运、累积和解毒机理具有重要意义。

一、实验目的

通过学习测定植物中不同形态重金属含量，使学生了解植物体的不同形态对重金属在体内的迁移和富集特征的影响，掌握重金属在植物体内不同形态含量的测定原理和方法。

二、实验原理

植物中重金属的形态分析方法包括：①色谱分析法：利用不同形态重金属在两相中分配系数的差异，达到分离的目的；②化学沉淀法：通过加入特定的沉淀剂，对某种形态的重金属进行沉淀分离；③离子交换树脂法：利用树脂对有机态和无机态金属的吸附能力的差异进行分离；④滤膜过滤法：一般采用 0.45 μm 的微孔滤膜分离可溶态和不溶态重金属；⑤连续化学提取法：根据不同提取剂对不同结合态金属元素的溶解能力，依次采用 80%乙醇、去离子水、1 mol/L 氯化钠溶液、2%醋酸、0.6 mol/L 盐酸进行提取。化学连续提取法提供的信息多、实用性强。

根据不同提取剂对不同结合态金属元素溶解能力从高到低，植物中重金属形态依次为乙醇提取态、盐酸提取态和残渣态。乙醇提取态主要包括无机盐和氨基酸盐，在植物体内呈溶解状态，是植物体内生物活性最强的形态，易迁移，而且对植物体的毒性效应最为显著。盐酸提取态活性程度较乙醇态低，包括有机酸盐、果胶酸盐、蛋白质结合态等，这部分重金属能与植物成分螯合，迁移能力降低。残渣态活性最低，容易在植物体的某组织器官中蓄积，很难向其他部位迁移，能有效降低重金属对植物体的危害。

三、仪器和设备

分析天平（万分之一）、离心机、火焰原子吸收分光光度计、移液管（10 mL、25 mL）、漏斗、容量瓶（50 mL、100 mL、500 mL）、三角瓶（50 mL）、恒温摇床、玛瑙研钵（口径 90 mm）、滴管、鼓风干燥箱、塑料筛（100 目）、聚四氟乙烯离心管等。

四、材料与试剂

80%乙醇溶液、浓硝酸、2%的硝酸、0.6 mol/L 盐酸、浓 HF、30%的 H_2O_2、蒸馏水、所测重金属的标准溶液。

标准储备溶液：Pb 和 Cd 溶液的浓度均为 1 000 mg/L。

标准工作溶液：Pb 和 Cd 溶液的浓度均为 100 mg/mL，以标准储备液按要求逐级稀释。

氢氟酸、乙醇、浓硝酸、醋酸均为国标以上级。

盐酸为分析纯。

实验用水为去离子水。

溶液配制：

80%乙醇溶液：使用量筒量取 1 000 mL 无水乙醇，加水 200 mL。

0.6 mol/L HCl：用移液管量取 25 mL 的分析纯盐酸，溶于 100 mL 蒸馏水中，使用玻璃棒引入 500 mL 的容量瓶，用蒸馏水定容至 500 mL。

2%的硝酸：在 500 mL 的容量瓶内，先放 300 mL 的蒸馏水，再用移液管量取 30.8 mL 的浓硝酸加入瓶内，摇匀，待冷却后，再加蒸馏水至 500 mL。

配制 Cd 和 Pb 的标准溶液：

①标准系列储备液的制备

Cd 和 Pb 溶液的浓度均为 1 000 mg/L。

②标准溶液配制

分别向 100 mL 容量瓶中，用移液管移入 10 mL 上述各标准储备液，加入 5 滴浓度为 6 mol/mL 的盐酸，用去离子水稀释至 100 mL，配得质量浓度为 100 mg/L 的标准溶液。

③标准系列液配制

用去离子水稀释至 100 mL，向 100 mL 容量瓶中，用移液管分别移入 1 mL、5 mL、10 mL、20 mL、30 mL 上述标准溶液，其质量浓度分别为 1 mg/L、5 mg/L、10 mg/L、20 mg/L、30 mg/L。

所有重金属的标准溶液均按此步骤进行配制。

五、实验步骤

（1）将采集的植物样品带回实验室，用自来水洗净污物，再用去离子水冲洗 2～3 遍，将水吸去后晾干，将植物样品于鼓风干燥箱中 105℃杀青 30 min，再于 65～70℃下烘干；对干燥后的植物样品进行研磨并过 100 目塑料筛后，封存，备用。

（2）乙醇态提取：用分析天平称取 0.400 0 g 植物粉末，于 30 mL 聚四氟乙烯离心管中。加入 10 mL 体积分数 80%乙醇溶液，室温振荡 20 h，10 000 r/min 离心 10 min，使用玻璃棒小心引出上清液，收集到 50 mL 三角瓶中。残渣中再次加入 10 mL 乙醇提取剂，室温振荡 2 h，离心分离，重复 2 次，将 3 次上清液全部收集在 50 mL 三角瓶中，置于 140℃电热板上加热浓缩后，加 2 mL 浓硝酸加盖回流 2 h，蒸至近干，重复回流 1 次；残渣用于下一步操作。

（3）盐酸提取态：在上述步骤（2）植物残渣中加入 10 mL 浓度为 10.6 mol/L 的 HCl 提取剂，其余步骤同步骤（2）。

（4）植物残渣态消解：将上述步骤（3）植物残渣采用 10 mL HNO_3、2 mL H_2O_2、2 mL HF 使用微波密闭消解法消解。

（5）所有提取液和消解液均用 2% HNO_3 定容到体积为 25 mL。

（6）使用火焰（或石墨炉）原子吸收分光光度计测定标准系列液，记录下吸光光度值和对应的浓度 c。以吸光光度值为纵坐标，浓度为横坐标，绘制标准曲线。

（7）提取液和消解液使用火焰原子吸收分光光度计进行测定，记录下对应的浓度 c。将植物中不同形态重金属含量测定结果记入表 1-18 中。

六、结果计算

土壤中重金属含量的计算公式如下：

$$q=\frac{c\times V}{m} \tag{1-42}$$

式中，q —— 土壤中重金属的含量，mg/g；

c —— 火焰原子吸收分光光度计所测定的浓度，mg/L；

V —— 定容后的体积，L；

m —— 所称土样的质量，g。

表 1-18 植物中不同形态重金属含量测定记录

金属	c /（mg/L）			q /（mg/g）			金属含量平均值/（mg/g）
乙醇提取态							
盐酸提取态							
残渣态							

注：提供表格仅供 1 种金属元素各形态数据及计算的填写，若还需填写多种金属元素，请自行复印此表。

七、注意事项

（1）所有实验用的玻璃器皿需提前一天用低浓度的硝酸浸泡过夜，并用蒸馏水进行润洗后方可使用。

（2）离心和振荡的过程注意密封离心管，防止提取液漏出。

（3）用火焰原子吸收分光光度计时，若所测浓度过高，需要对溶液进行稀释处理。

八、思考题

（1）请问乙醇提取态、盐酸提取态和残渣态哪个对于植物的危害最大？

（2）根据重金属在植物体内的分布规律及化学形态与植物重金属耐性的关系，分析植物的重金属耐受机理，判断在该地种植该种植物是否可食或者是否可用于该地的重金属污染土壤修复？

第二部分

环境土壤生态综合实验

实验二十一 土壤中重金属对植物细胞超微结构的影响

随着土壤重金属污染越来越严重，产生的毒害问题因其隐蔽性、不可逆性、污染范围广和持续时间长等特点日渐突出。重金属会破坏生物细胞的完整性并使组织代谢功能消失而导致细胞死亡。植物受到重金属胁迫后细胞器结构的改变，是植物各种生理活动异常的细胞学基础。细胞器结构的完整是保证生物功能正常运行的基础。重金属在植物体内积累到一定的程度，不仅会影响植物对营养元素的吸收、蒸腾作用、光合作用、呼吸作用等正常生理活动，使植物体内的代谢过程发生紊乱，还会使高尔基体、内质网、细胞核、叶绿体、线粒体、液泡、质膜等细胞器受到不同程度的损伤，从而影响植物的生长发育，甚至引起植株死亡。如小麦在受到镉胁迫时，线粒体结构受到破坏，影响能量的供应，导致根系活力降低。在汞的胁迫下，齿肋赤藓生物结皮细胞的细胞壁逐渐模糊并有质壁分离迹象，液泡出现空泡化，叶绿体膜破损，类囊体、基粒及基质片层、细胞核解体及核仁消失。Cd^{2+}、Cr^{6+}胁迫使莼菜叶肉质体中的少数基粒发生膨胀或解体，线粒体脊和类囊体出现瓦解，部分核仁裂解，质体、线粒体的外包膜及核膜、液泡膜等膜结构受到破坏。因此，从细胞水平上探明重金属对植物的毒害机理具有重要的作用。

一、实验目的

通过研究重金属对植物细胞器结构的影响，使学生从细胞水平上探明植物对重金属胁迫的生理生化响应机制。掌握样品的制备过程及透射电子显微镜的工作原理。

二、实验原理

通过透射电子显微镜（Transmission Electron Microscope，TEM，简称透射电镜），可以看清小于 0.2 μm 的细微结构，这些结构称为亚显微结构或超微结构。另外，由于电子束的穿透力很弱，因此用于投射电镜的标本需制成厚度 100 nm 以下的超薄切片。将样品进行前处理后即可置于透射电子显微镜下观察其超微结构。

三、仪器和设备

透射电镜（JEOL-1200II）、超薄切片机、烘箱、冰箱、刀片、烧杯（100 mL）、青霉素瓶（10 mL）、包埋板等。

四、材料与试剂

戊二醛、锇酸、磷酸缓冲液、双蒸水、乙醇、Epon 812 树脂、固化剂 DDSA（十二烷基琥珀酸酐）、固化剂 MNA（甲基纳迪克酸酐）、触媒剂 DMP-30［2,4,6 三（二甲氨基甲基）苯酚］、醋酸铀、柠檬酸铅。

包埋剂 A 液：Epon 812 树脂（50 mL）+DDSA 固化剂（80 mL）；

包埋剂 B 液：Epon 812 树脂（50 mL）+MNA（44.5 mL）。

配制好的包埋剂置于−20℃密封保存。

五、实验步骤

（1）取样：分别取生长于正常土壤和重金属超标土壤中的 5 叶期玉米植株的新鲜根系和叶片，用干净的锋利刀片取 0.5～1 mm^2 的长方形小块组织，每个样品约取 10 块。

（2）样品的前固定：将切好的根系和叶片放入装有 2.5%的戊二醛固定液的青霉素瓶中，在 4℃的冰箱中固定 4 h（不同的植物样品可适当调整时间），并在固定期间摇动 4～5 次。此步骤的目的是尽可能完整地将细胞在活体状态下的结构保存下来，避免自身酶的分解出现自溶或者冲洗、脱水时细胞内的各种成分的流失和溶解。

（3）样品的冲洗：用 0.025 mol/L，pH 为 7.2 的磷酸缓冲液冲洗 4 次，每次间隔 15 min。

（4）样品的固定：将冲洗后的样品放入质量分数为 2%的锇酸固定液的青霉素瓶中，在 4℃的冰箱中固定 2 h。

（5）样品的冲洗：用 0.025 mol/L，pH 为 7.2 的磷酸缓冲液冲洗 4 次，每次间隔 15 min。

（6）脱水：将冲洗后的样品放入 30%、50%、70%、85%、95%的乙醇的小烧杯中，逐级脱水，每级 15～20 min，最后用纯酒精脱水。此过程是将组织中的游离水彻底清除。

（7）样品包埋：将包埋剂 A 液和 B 液按一定比例（根据组织的硬度和气候选择不同的体积比例，通常是 A∶B=1∶9 或 A∶B=2∶8）混合后，再加入 1%～2%含量的触媒剂 DMP-30，边加边搅拌使其充分混合，使用过程中避免其他杂物混入包埋剂，于 60℃下聚合 48 h，干燥存放。在包埋模版中加入包埋剂至 1/2 包埋孔的位置，用干燥牙签将样品块放入包埋孔并固定在合适的位置，继续注入包埋剂至淹没包埋孔。

（8）制作超薄切片和切片染色：包埋样品室温放置 24 h 后，将包埋样品切成 70～80 nm 厚的超薄切片，收集在覆膜镍网上。先用质量分数为 2%的醋酸铀溶液对样品染色 25 min，双蒸水淋洗，吸干。再用柠檬酸铅染色 10 min，双蒸水淋洗，吸干。在 JEOL-1200II 型透射电镜上观察、拍照。

六、结果观察

观察重金属对玉米地上部及地下部组织超微结构的影响，主要观察细胞核、细胞膜、细胞壁、叶绿体、线粒体、液泡等的变化。

七、注意事项

（1）取样时不要牵拉或挤压组织，植物样品应该选择生长力旺盛的部位。

（2）锇酸为剧毒、极易挥发的试剂，因此样品的固定必须在通风橱中戴手套和戴口罩操作，避免对呼吸道的刺激。废液收集在密闭容器中并做好标注。

（3）清洗液与固定液采用同系列的缓冲液。

（4）急剧脱水会导致细胞收缩，因此本实验采用逐级脱水。为了避免组织内外产生气泡，脱水速度要快且组织不能离开溶液。

（5）质量分数为 2%的醋酸铀染色 25～30 min 即可，长时间染色会引起组织变形；柠檬酸铅染色 10 min 即可，长时间染色可使反差全部增强，不利于观察。

八、思考题

（1）为什么要选用透射电镜来观察植物的超微结构？

（2）重金属胁迫后的玉米根系和叶片内的细胞器有何变化？

实验二十二 不同品种玉米根中的 Pb 亚细胞分布测定

云南省的有色金属矿产丰富，金属矿藏的大量长期开采，使矿区周边农田重金属污染严重，造成农产品重金属含量超标，严重威胁当地居民的身体健康。不同植物及品种具有不同的 Pb 累积特征，其累积差异与植物组织和细胞中 Pb 分布有关。玉米将 Pb 固定在根部和细胞壁上，减少 Pb 迁移转运到地上部分，这将有助于减少玉米籽粒对 Pb 的累积，保障农产品的安全。玉米作为重要的农作物，研究不同品种玉米对 Pb 的累积的差异及 Pb 的亚细胞分布，有助于为 Pb 低累积的玉米品种的筛选提供理论依据。

一、实验目的

通过对不同品种玉米根中 Pb 的亚细胞的分布测定，使学生正确认识不同品种的玉米根对 Pb 具有不同的富集能力，并了解 Pb 在玉米根中的亚细胞分布规律。

二、方法原理

植物细胞壁能累积大量的重金属离子。细胞壁对重金属的钝化作用能够降低其生物有效性，是植物适应重金属胁迫的重要机制。本实验选用不同的玉米品种为材料，采用差速离心原理，分级离心提取，经湿法消解后测定各亚细胞结构中的 Pb 含量。

三、仪器和设备

原子吸收分光光度计、电子天平、电沙浴锅、光照培养箱、烘箱、尼龙筛（100 μm）、烧杯（100 mL）、三角瓶（150 mL）、容量瓶（50 mL）、玻璃瓶（1.5 L）、移液管（10 mL）、锥形瓶、小漏斗等。

四、材料与试剂

（1）试剂：醋酸铅、硝酸、高氯酸、Pb 标准溶液等。

（2）供试材料：玉米“会单 4 号”和“路单 8 号”两个品种，其中，“会单 4 号”为根高累积 Pb、籽粒低累积 Pb 品种，“路单 8 号”为根低累积 Pb、籽粒高累积 Pb 品种。

（3）营养液成分：945 mg/L $Ca(NO_3)_2 \cdot 4H_2O$、506 mg/L KNO_3、80 mg/L NH_4NO_3、1.36 mg/L KH_2PO_4、493 mg/L $MgSO_4$、13.9 mg/L $FeSO_4 \cdot 7H_2O$、（EDTA·2Na）18.7 mg/L、8.3 μg/L KI、62 μg/L H_3BO_3、223 μg/L $MnSO_4$、86 μg/L $ZnSO_4$、2.5 μg/L Na_2MoO_4、0.25 μg/L $CuSO_4$、0.25 μg/L $CoCl_2$。

（4）玉米的培养和 Pb 胁迫处理

取颗粒饱满、大小均匀的玉米种子置于烧杯内，用自来水冲洗 2～3 次，用质量分数为 5%的次氯酸钠消毒 4～5 min，再用自来水清洗数次，于 30℃的温水中浸种吸涨 30 min。挑选生长强壮的玉米苗转移到营养液中培养 7d，再选取长势一致的玉米幼苗，分别移入营养液中，用 1.5 L 玻璃瓶置于光照培养箱中培养，共分 3 组处理，分别为无铅（对照组）、100 mg/L Pb 胁迫组、300 mg/L Pb 胁迫组，每组共设置 9 个重复。营养液每 1 周更换一次，胁迫 14 d 后，取出植株，将植株分为地上部分和根部，将根先用去离子水冲洗干净，然后用 25 mL 浓度为 10 mmol/L 的 EDTA 溶液浸泡 5 min，去除根表吸附的 Pb，然后再将根用去离子水冲洗干净，备用。

五、实验步骤

（1）玉米根亚细胞结构的分离：采用分级离心法，采用分析天平准确称取鲜根 0.500 g 置于玛瑙研钵中，加入预冷的 20 mL 提取液［0.25 mmol/L 蔗糖 + 50 mmol/L Tris-HCl 缓冲液（pH=7.5）+10 mmol/L 的二硫赤藓糖醇］，研磨匀浆，通过孔径为 100 μm 的尼龙网筛过滤，残渣是细胞壁组分（F1）；上清液使用高速冷冻离心机在 12 000 r/min 下离心 30 min，沉淀为细胞器（F2）；上清液为包括质体和液泡在内的胞液（F3），全部操作在 4℃下进行。

（2）亚细胞结构中 Pb 含量的测定：其中细胞壁（F1）和细胞器（F2）部分为固体，采用固体样品消解的方法。将 F1 和 F2 部分，分别置于 150 mL 的锥形瓶中，置于 105℃下烘箱中烘干，冷却，然后加入混合液 15 mL（硝酸∶高氯酸为 4∶1 的混合酸 15 mL），放入玻璃珠，加盖浸泡过夜。在锥形瓶口放置一个小漏斗，置于电沙浴锅上加热消解，若液体呈棕黑色，再加入混合酸，消解至冒白烟；液体呈透明或者略带黄色，放置于通风橱中自然冷却，加入 10 mL 蒸馏水，至冒白烟后取下冷却，同时做试剂空白实验。将消解液移入 50 mL 的容量瓶，锥形瓶用 1%的稀硝酸多次洗涤，洗涤液移入容量瓶，用蒸馏水定容至 50 mL。

可溶态（F3）部分为液体，采用液体样品消解的方法，将 F3 部分移入锥形瓶中，并洗涤数次，并入锥形瓶，加入玻璃珠，在锥形瓶口放置一个小漏斗，加入 2 mL 硝酸，在电沙浴锅上加热浓缩至 10 mL 左右，冷却后加入 5 mL 硝酸，加热浓缩至 10 mL，加入 3 mL 高氯酸，加热至冒白烟，直至剩下 3 mL 液体，冷却后，将消解液移入 50 mL 的容量瓶，锥形瓶用质量分数为 1%的稀硝酸多次洗涤，洗涤液移入容量瓶，用蒸馏水定容至 50 mL。

消解液用原子分光光度计测定样品中的 Pb 含量。测定方法参考实验十八。

六、结果计算

根亚细胞 Pb 含量的计算公式如下：

根亚细胞 Pb 含量（μg/g）=标准曲线查得 Pb 含量（μg）/根样品鲜重（g）　（2-1）

七、注意事项

（1）玉米培养和 Pb 胁迫处理条件应尽可能保持一致。

（2）玉米根亚细胞结构的分离提取对测定结果影响较大，增加平行实验测定的次数，保持 5～6 次平行，以减小测定结果误差。

八、思考题

（1）不同植物品种对重金属富集能力存在差异的原因是什么？

（2）为什么通常在植物亚细胞的细胞壁中 Pb 含量最多？

实验二十三　不同钝化剂和培养时间对土壤 Cd、Pb 生物有效性的影响

土壤是经济社会可持续发展的物质基础，2014 年《全国土壤污染状况调查公报》显示，我国土壤重金属污染严重。国内外修复土壤重金属污染的方法主要有物理修复、化学修复、生物修复以及联合修复。化学修复是指向土壤中施加一定量的钝化剂，降低土壤重金属有效性。常用的钝化剂主要分为无机钝化剂（石灰、海泡石等）和有机钝化剂（生物炭等），施用方式为单施和配合施用，不同钝化剂和培养时间对重金属污染土壤的钝化效果及其时效性有较大的影响。

一、实验目的

实验选择重金属污染农田土壤，采用室内模拟培养的方法，分析石灰、海泡石、生物炭 3 种钝化剂不同培养时间对土壤生物有效态 Cd、Pb 含量的影响，使学生了解不同钝化剂的钝化效果及其时效性，掌握选择适合中低度重金属污染土壤的原位钝化修复剂及其施用方法，掌握污染农田原位钝化修复技术。

二、实验原理

向重金属污染土壤中添加不同种类的钝化剂，从而使重金属由生物有效性高的可交换态和碳酸盐结合态向生物有效性低的形态转化，通过吸附、沉淀、络合、离子交换和氧化还原等一系列反应，最大限度地降低重金属的生物有效性和迁移性，从而达到钝化修复重金属污染土壤的目的。

三、仪器和设备

火焰原子吸收分光光度计、尼龙筛（1 mm）、带盖塑料瓶（1 000 mL）、量筒

（100 mL）、高型烧杯（100 mL）、容量瓶（500 mL，1 000 mL）、三角烧瓶（100 mL）、小三角漏斗、分析天平（万分之一）。

四、材料与试剂

（1）硝酸（优级纯）、硫酸（优级纯）、DTPA（二乙三胺五乙酸）、TEA（三乙醇胺）、石灰、海泡石、生物炭、$CaCl_2 \cdot 2H_2O$。

（2）金属标准储备液：准确称取 0.500 0 g 光谱纯的 Cd、Pb，用适量的 1∶1 硝酸溶解，必要时加热直至完全溶解。用玻璃棒引入 500 mL 容量瓶中，用蒸馏水定容至 500 mL，即得质量浓度为 1.00 mg/mL 的标准储备液。

（3）混合标准溶液：用质量分数为 0.2%的硝酸稀释金属标准储备溶液配制而成，使配成的混合标准溶液中 Cd、Pb 质量浓度分别为 10 μg/mL、100 μg/mL。

（4）浸提液的配制：其成分为 0.005 mol/L DTPA（二乙三胺五乙酸）、0.01 mol/L$CaCl_2$、0.1 mol/L TEA（三乙醇胺）。采用分析天平称取 1.967 0 g DTPA 溶于 14.920 0 g（13.3 mL）TEA 和少量水中；再将 1.470 0 g $CaCl_2 \cdot 2H_2O$ 溶于水中，用玻璃棒引入 1 000 mL 容量瓶中，加蒸馏水至约 950 mL，用浓度为 6 mol/L 的 HCl 调节 pH 至 7.30（每升浸提液约需加浓度为 6 mol/L 的 HCl 8.5 mL），最后用蒸馏水定容至 1 000 mL。贮存于塑料瓶中。

五、实验步骤

（1）土样预处理：将采集到的重金属污染农田表层（0～20 cm）土壤样品置于阴凉、通风处晾干，剔除其中的碎石和杂草后，用玻璃棒压散，并通过 1 mm 的尼龙筛后，用四分法多次筛选后取作供试样品，装入密封袋备用。

（2）土样钝化处理：采用分析天平称取土样 10.000 0 g，分别加入石灰、海泡石、生物炭各 1.500 0 g 混合，按田间最大持水量 80%加入去离子水 2.5 mL，放入带盖塑料容器中，分别放置 2 周、4 周、6 周、8 周、12 周后待测，所有处理均设置 3 次重复。

（3）DTPA 浸提：采用分析天平称取 5.000 0 g 钝化后的土样，放入 150 mL 硬质玻璃三角瓶中，加入 50.0 mL DTPA 浸提剂，在 25℃用水平振荡机振荡提取 2 h，干滤纸过滤，滤液待测。

（4）滤液用火焰原子吸收分光光度计测定 Cd、Pb 含量（结果为 *A*）。

$$x = \frac{A \times V}{m} \tag{2-2}$$

式中，x——Cd或Pb含量，μg/g；

A——标准曲线查Cd或Pb含量，μg/mL；

V——DTPA浸提剂用量，为50.0 mL；

A——土样质量，为5.000 0 g。

六、结果与计算

（一）土样生物有效态含量计算

将不同时间、不同处理下的Cd、Pb含量记录入表2-1。

表2-1 不同时间、不同处理下的Cd、Pb含量

处理	钝化时间/d	Cd含量/（mg/kg）				Pb含量/（mg/kg）			
		1	2	3	平均	1	2	3	平均
对照	2								
	4								
	6								
	8								
	12								
石灰	2								
	4								
	6								
	8								
	12								
海泡石	2								
	4								
	6								
	8								
	12								
生物炭	2								
	4								
	6								
	8								
	12								

（二）钝化效率计算

钝化效率的计算见式（2-3），并将结果记录入表 2-2。

$$钝化效率=\frac{处理-对照}{对照}\times 100\% \qquad (2-3)$$

表 2-2　不同钝化时间下 Cd 和 Pb 的钝化效率

处理	钝化时间/d	Cd 钝化效率/%				Pb 钝化效率/%			
		1	2	3	平均	1	2	3	平均
石灰	2								
	4								
	6								
	8								
	12								
海泡石	2								
	4								
	6								
	8								
	12								
生物炭	2								
	4								
	6								
	8								
	12								

七、注意事项

（1）实验用的玻璃器皿需提前一天用低浓度的硝酸浸泡过夜，并用蒸馏水进行润洗。

（2）使用 pH 计时要校准，调节 pH 的过程中要充分摇匀。

（3）使用火焰原子吸收分光光度计时燃料为乙炔缓冲液，会危害人体健康，注意打开抽烟机和门窗通风；不连续使用时关闭气阀。

八、思考题

（1）钝化修复重金属污染农田有何优缺点？

（2）为什么不同钝化剂的钝化效果不同？

实验二十四　钝化剂对污染农田土壤Cd、Pb淋溶的影响

重金属会降低土壤肥力，使农作物产量下降，重金属含量超标，并会随降雨污染地表径流和地下水，破坏水体环境，直接毒害植物或通过食物链危害人体及其他动物的健康。Cd和Pb是环境中优先控制的重金属，其毒性大，不会通过化学反应或被微生物降解，易在土壤和生物体内富集。

淋溶是土壤重金属土壤流失的主要途径，淋溶作用是指降水条件下重金属随渗透水在土壤中沿土壤垂直剖面向下的运动，是降水条件下重金属在水土界面中的吸附、解吸结果的呈现。不同钝化剂的施加会在不同程度上固定土壤中的重金属。无机钝化剂硅酸钠、碳酸钙对Pb的固化效率分别为94.23%和90.91%，石灰处置后的土样Pb有效态含量降低了85.55%，有机钝化剂TEPA-CSSNa施用量为2%时，其土壤Pb^{2+}有效态含量降低94.8%，复配钝化剂对Pb^{2+}有效态含量降低接近98%；沸石等能显著降低土壤中Pb的有效态含量，降幅达到70.14%。

一、实验目的

以Cd、Pb污染的农田土壤为研究对象，研究施用生物炭和海泡石等钝化剂对污染农田土壤淋溶影响的实验，能够丰富学生对污染农田土壤Cd、Pb淋溶特征，钝化剂影响污染农田土壤Cd、Pb淋溶流失的认识，了解钝化剂改变污染农田土壤Cd、Pb环境迁移行为的作用。

二、实验原理

钝化剂施用后，通过提高pH、生成沉淀和表面吸附等作用，可促进土壤中重金属由高活性形态向低活性形态转化，从而降低重金属迁移性和生物有效性，降

低重金属随淋溶液的流失。

三、仪器和设备

抽滤瓶、量筒（50 mL）、三角瓶（100 mL）、小漏斗、容量瓶（50 mL）、石墨炉原子吸收分光光度计。

四、材料与试剂

材料：0.45 μm 滤膜、滤纸。

试剂：优级纯硝酸、优级纯盐酸、过氧化氢。

王水：优级纯硝酸∶优级纯盐酸体积比为 1∶3（现用现配）。

石墨炉标液：现用现配，取 0.1 mL 质量浓度为 1 mg/L 的 Cd 标准溶液（20 mg/L Pb 标准溶液）定容至 100 mL，摇匀。

五、实验步骤

（一）土柱制备

采集 Cd、Pb 污染农田土壤，过 2 mm 筛，去除石粒和植物根系，按 1%的比例加入海泡石和生物炭，充分混匀备用。采用直径 11 cm、高 25 cm 的 PVC 管，制备可模拟降雨、淋溶、取样、收集溶液的一体式淋溶土柱装置（图 2-1）。空心柱体采用 PVC 材料制成，高 30 cm、半径 5.5 cm，上端面敞开，可在其中自上而下的不同深度设置壤中流采样孔，安装土壤溶液采样器，用于采集土壤溶液；在砂柱底部铺设尼龙布，安装出水阀，用于收集淋溶液。

在土柱底层铺放 2 cm 厚的石英砂，防止土壤堵塞出水口；装入混匀钝化剂的土壤，装土高度 20 cm。

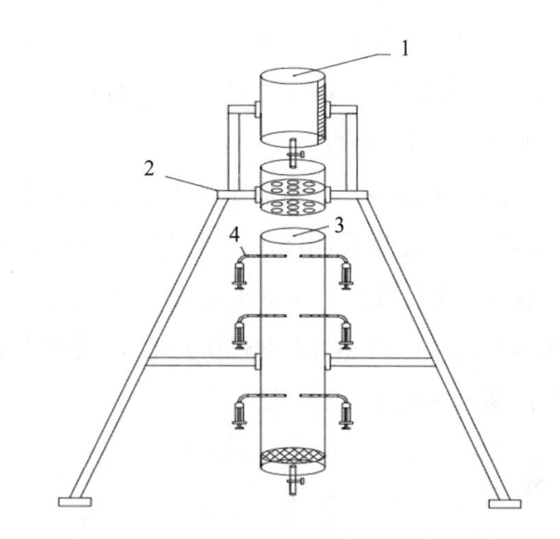

1—模拟降雨装置；2—支架；3—淋溶土柱；4—土壤溶液取样器

图 2-1　一体式淋溶土柱装置

（二）土柱淋溶

土柱室内静置 30 d 后，开展土柱淋溶试验。采用间歇淋溶法，每次淋溶量为 400 mL 蒸馏水，一次性滴入到土柱中，淋溶速率控制在 100 mL/h，每天淋溶 1 次，累积淋溶 5 次。在淋溶开始后，打开土柱底部的出水阀，收集土柱产生的淋溶液，直至出水阀不产生水滴为止。收集到的淋溶液体积由量筒测量，并用于 Cd、Pb 的浓度测定。

（三）样品测定

（1）量取 100 mL 淋溶液于抽滤瓶抽滤，0.45 μm 滤膜上为颗粒态样品，叠好滤膜后放于 50 mL 三角瓶 75℃烘干 3 h 备用。抽滤瓶中为水溶态样品，使用量筒量取 50 mL 放于 100 mL 三角瓶中备用。

（2）水溶态样品中加入 5 mL 优级纯硝酸、5 mL 过氧化氢，盖好消解漏斗后于通风橱内的沙浴锅上缓慢升温至 90℃，分解有机质，随后升温至 105～110℃浓缩至 1～2 mL 后，按照步骤（4）定容。

（3）颗粒态样品加 5 mL 王水后密封过夜，使样品初步分解，王水体积依照颗粒态含量调整（5～10 mL）。第 2 日于 90℃消解至 1～2 mL 后加入 5 mL 优级纯硝酸、5 mL 过氧化氢消化至 1～2 mL，再加 5 mL 优级纯硝酸重复上述步骤至溶液澄清透明后，按照步骤（4）定容。

（4）使用超纯水冲洗消解漏斗，三角瓶中加入少量超纯水至 10～20 mL 后摇匀，滤纸应考虑使用双层并在使用前润湿，母液使用玻璃棒引流转移至 50 mL 容量瓶后反复冲洗三角瓶（3 次及以上，注意水量），然后定容至 50 mL。

（5）配制最高浓度标样（Cd 1 μg/L、Pb 20 μg/L），采用石墨炉原子吸收分光光度计测定。测定方法参考实验十七。

六、结果与计算

水溶态重金属流失量的计算见式（2-4）：

$$M_1 = \rho_1 \times V/1\,000 \tag{2-4}$$

式中，M_1 —— 水溶态重金属流失量，mg；

ρ_1 —— 石墨炉测得的水溶态重金属质量浓度，μg/L；

V —— 淋溶液体积，L。

颗粒态重金属流失量的计算见式（2-5）：

$$M_2 = \rho_2 \times V/2\,000 \tag{2-5}$$

式中，M_2 —— 颗粒态重金属流失量，mg；

ρ_2 —— 石墨炉测得的颗粒态重金属质量浓度，μg/L；

V —— 淋溶液体积，L。

七、注意事项

（1）硝酸、王水、过氧化氢均有强腐蚀性，实验全程需佩戴口罩、手套。腐蚀性液体不慎喷溅至皮肤时切勿惊慌，立即用大量清水冲洗，如有不适及时就医。

（2）样品体积选择应考虑样品中重金属含量，土壤重金属含量较低时可适度浓缩，反之亦然。浓度无法确定时可选用不稀释方案操作，在火焰原子吸收光度计测量值小于 0.005 mg/L 时稀释至 1 μg/L 于石墨炉测量。

（3）水溶态样品使用的三角瓶体积应大于样品体积。量取 50 mL 水样应当使用 100 mL 三角瓶。

（4）消解时加入过氧化氢后必须冷却至室温，放入样品，升温至 90℃后维持 30 min 以防喷溅。消解结束后母液应为无色透明，颗粒态样品有少量白色沉淀。

八、思考题

（1）钝化剂对土壤重金属的钝化原理有哪些？

（2）重金属离子在水土界面上会有哪些迁移转化过程？

实验二十五 石灰介导下植物根部形态特征对Cd胁迫的响应

近年来，出现了大量关于土壤 Cd 污染导致的食品污染对人体的健康产生风险的报道，对受Cd污染土壤的修复迫在眉睫。Cd污染土壤的修复技术主要包括物理修复（客土法、换土法、深耕翻土、淋洗法、电动修复、电热修复等）、化学修复（添加改良剂、表面活性剂、金属拮抗剂等）、生物修复和植物修复等。Cd污染土壤的植物修复与农业利用备受关注，轻度污染土壤采用农业修复措施具有重要的意义，不仅可以持续利用农业土壤，还可以保障农产品的安全生产。

酸性红壤上施用石灰的方法，在蔬菜、玉米、小麦和水稻等农产品 Cd 污染控制上得到了广泛的应用，取得了较好的效果。施用石灰能使水稻土壤的 pH 和阳离子交换量增加，增加土壤表面的可变电荷，增强土壤对 Cd 的吸附作用，降低土壤中Cd交换态含量和糙米中Cd累积量。碳酸根可与Cd^{2+}生成难溶的碳酸镉，石灰有利于在土壤中的Cd^{2+}水解生成$CdOH^{+}$，$CdOH^{+}$在土壤吸附位点上亲和力明显高于Cd^{2+}，从而降低植株对Cd的吸收。石灰对红壤中Cd的固定率为55.5%～60.7%，石灰对Cd污染红壤的改良效果较好。石灰对Cd污染土壤的修复与植物类型、土壤类型和石灰用量等因素有关。植物的根系形态特征等对于植物利用土壤养分、吸收重金属等具有重要的意义。植物根系通过形态不同、根系深浅、空间结构变化和生物量分配等的不同，对胁迫产生响应。

一、实验目的

通过本实验，要求学生掌握钝化剂的使用方法；了解植物的根部、根系形态特征等对石灰的响应。熟练掌握根系扫描仪［WinRHIZO Pro V2007d（Regina，Canada）］测定植物根系形态的方法。

二、实验原理

植物根系形态特征影响着植物对重金属的吸收行为。钝化剂的处理可以固定土壤中的重金属，影响重金属形态及其在土壤—植物系统中的迁移。石灰作为土壤重金属的钝化剂之一，不仅可以降低土壤的 pH，而且还能改变土壤中重金属的生物有效性，从而影响植物根系的生长和重金属的吸收。

三、仪器和设备

分析天平（万分之一）、原子吸收分光光度计、消煮炉、烘箱、烧杯（100 mL）、小漏斗、三角瓶（150 mL）、容量瓶（10 mL、500 mL）、花盆、尼龙筛（2 mm）、木棒。

四、材料与试剂

（一）植物材料

玉米幼苗、小白菜幼苗。

（二）试剂

氯化镉、生石灰、硝酸、硫酸、高氯酸、次氯酸钠。

金属标准储备液：准确称取 0.500 0 g 光谱纯金属，用适量的 1∶1 硝酸溶解，必要时加热直至完全溶解。用玻璃棒引入 500 mL 容量瓶中，用蒸馏水定容至 500 mL，即得质量浓度为 1.00 mg/mL 的标准储备液。

五、实验步骤

采用 $CdCl_2 \cdot 2.5H_2O$ 配制 4 个 Cd 质量浓度梯度：0 mg/kg、0.6 mg/kg、6.0 mg/kg、12 mg/kg；设置 3 个石灰处理梯度：0 kg/亩、100 kg/亩、150 kg/亩（1 亩≈666.67 m^2），采用生石灰配制。各个质量浓度梯度的 Cd 与石灰交互处理，共 12 个处理，每个处理重复 3 次。

将清洁土壤风干后，过尼龙筛，与不同质量浓度梯度的 Cd 和石灰混合均匀后，转移到花盆中，浇水至土壤的饱和持水量，土壤平衡 2 周后，每个花盆中移栽植物幼苗 5 株。移栽后，每隔 2 d 浇 1 次水，以保持花盆内水分。待幼苗成活后，每盆留苗 3 株，进行常规栽培管理。

30 d 后收获植物，将植物根系清洗干净后用于根系扫描，扫描后植物根系用于 Cd 含量测定。

六、结果与计算

植物根系用去离子水清洗干净后，擦干水分，采用根系扫描仪[WinRHIZO Pro V2007d（Regina，Canada）]对根系进行扫描，测定植物根系的长度、根直径、根表面积和根体积。

植物根系扫描后，将植物切碎，在烘箱中 105℃烘干 0.5 h 后，继续 80℃烘干至恒重，测定生物量，将植物样品研碎，用于 Cd 含量的测定。

植物 Cd 含量的测定：使用分析天平准确称取 0.200 0 g 经过烘干磨好的成熟期植株样品，置于三角瓶中，放入数粒玻璃珠，加 10 mL 混合酸（HNO_3∶$HClO_4$=4∶1），加盖浸泡过夜。然后加一小漏斗于电炉上进行消解，若变为棕黑色再加混合酸，直至冒白烟，消化液呈无色透明或略带黄色，放冷后将消化液过滤，用 10 mL 容量瓶定容至刻度，混匀备用。用火焰原子吸收分光光度计测定 Cd 含量，测定方法参考实验十八。

将上述数据记入表 2-3 中。

表 2-3 实验记录

植物名称	实验天数/d			
Cd^{2+}处理质量分数/（mg/kg）				
石灰处理量/（kg/亩）				
根长/cm				
根直径/cm				
根表面积/cm^2				
根体积/cm^3				
植物镉含量/（mg/kg）				
生物量/（g/株）				
镉累积量（生物量×镉含量）/mg				

七、注意事项

（1）土壤与各处理物质要充分混合均匀。

（2）花盆放置在大棚中的位置需要定时交换，以减少通风和温度差异变化的影响。

（3）浇水过程中不能造成土壤中物质的流失。

（4）植物消煮过程中极易产生挥发性的强酸蒸汽，因此该步骤必须在通风橱中戴手套和戴口罩操作，避免对呼吸道的刺激。废液也必须收集在密闭容器中并做好标注。

（5）根系扫描过程中要使根系尽量散开，不能重叠。

八、思考题

（1）为什么施用石灰会导致植物根系形态发生改变？

（2）施用石灰减少植物中 Cd 含量的可能原因有哪些？

实验二十六　施用有机肥对植物 Cd 累积的影响

我国农田土壤重金属污染日益严重，极大地影响土壤环境质量、作物生长、产量、品质和安全性，严重地制约农业持续发展，威胁人类健康。Cd 污染是农田土壤重金属污染中最为严重和生物毒性最强的重金属元素之一，其迁移性很强，极易被植物吸收并积累。随着人们对环境和食品安全的日益关注，农田重金属污染问题越发引起了公众对食品安全的担忧。

在修复土壤重金属污染时，施用土壤钝化剂可以在短期内降低土壤中重金属的生物有效性，降低重金属从土壤迁移至作物可食部分的能力。目前使用的土壤钝化剂，主要有碳酸钙、钙镁磷肥、硅肥、海泡石、白云石、生物炭和有机肥等，施用有机肥不仅可以改善土壤理化性质，增加土壤肥力，而且有机肥可通过形成难溶性金属—有机复合物、增加土壤阳离子交换量等，降低土壤中重金属的水溶态及可交换态组分含量，降低其生物有效性，以缓解 Cd 污染对植物生长的影响和降低植物对重金属的吸收累积量，为修复重金属污染土壤提供可借鉴的办法，也为降低农产品中的重金属污染风险提供行之有效的方法。

一、实验目的

以镉污染的农田土壤为研究对象，研究施用有机肥对植物 Cd 累积的影响，丰富学生对 Cd 污染农田中植物 Pb 累积特征的认识，了解有机肥改变 Cd 污染农田中土壤 Cd 生物有效性的作用。

二、实验原理

通过盆栽试验，在土壤中外源添加重金属 Cd（$CdCl_2$，分析纯），同时施用有机肥。将盆栽的土壤样品、有机肥样品和植物样品（地上部、地下部、籽粒等）

消化处理，将消化液直接喷入空气—乙炔火焰，在火焰中形成的镉基态原子蒸汽对光源发射的特征电磁辐射进行吸收。测得试液吸光度扣除空白吸光度，从标准曲线查得 Cd 含量。计算土壤和植株中 Cd 含量。

三、仪器和设备

原子吸收分光光度计、尼龙筛（100 目）、电热板、量筒（100 mL）、高型烧杯（100 mL）、容量瓶（50 mL、500 mL）、三角瓶（100 mL）、小漏斗、表面皿、分析天平（万分之一）。

四、材料与试剂

（一）供试作物

春小麦、玉米、蚕豆、油菜。

（二）试剂

（1）硝酸、硫酸（优级纯）。

（2）氧化剂：空气，用气体压缩机供给，经过必要的过滤和净化。

（3）金属标准储备液：使用分析天平准确称取 0.500 0 g 光谱纯金属，用适量的 1∶1 硝酸溶解，必要时加热直至完全溶解。用玻璃棒引入 500 mL 容量瓶中，用蒸馏水定容至 500 mL，即得质量浓度为 1.00 mg/mL 的标准储备液。

五、实验步骤

（一）土样的采集

农田采集土壤样品。捡去杂质，混匀，备用。留一部分，过筛，留待测定土壤的 pH、有机质、土壤总 Cd 含量。

（二）盆栽试验

（1）选择合适花盆；15 cm×15 cm 塑料盆，称量 3 kg 过 2 mm 筛土，放置备用。

（2）试验设计

Cd 的质量分数设置为 0 mg/kg 土、10 mg/kg 土、100 mg/kg 土、200 mg/kg 土，记为 Cd_0、Cd_{10}、Cd_{100}、Cd_{200}。有机肥（M）的添加量设置为 0 g/盆、200 g/盆、400 g/盆，记为 M_0、M_{200}、M_{400}。每个处理设置 3 个重复。

表 2-4　试验处理

	Cd_0	Cd_{10}	Cd_{100}	Cd_{200}
M_0	Cd_0M_0	$Cd_{10}M_0$	$Cd_{100}M_0$	$Cd_{200}M_0$
M_{200}	Cd_0M_{200}	$Cd_{10}M_{200}$	$Cd_{100}M_{200}$	$Cd_{200}M_{200}$
M_{400}	Cd_0M_{400}	$Cd_{10}M_{400}$	$Cd_{100}M_{400}$	$Cd_{200}M_{400}$

将有机肥风干、磨细，按设计的水平称量相应质量的有机肥混入土壤中。

按设计的水平称量相应质量的 $CdCl_2$，溶解在 500 mL 自来水中，浇灌入土壤样品中（对照样品同样浇入 500 mL 水中）。充分混匀后装盆，浇水至饱和，一周后播种玉米。

（3）玉米种子播种前采用质量分数为 10%的 H_2O_2 溶液消毒 10 min，用自来水清洗干净，然后在培养皿中催芽，待 5～7 d 玉米出芽后进行播种，每盆播种 5 颗，确保最后每盆保留有 3 颗苗。

（4）植株样品的采集，待玉米生长 50 d 后收获。采集地上部和地下部，测定地上部和地下部的生物量。把地上部和地下部植物样品烘干磨碎，待测。

（5）土壤样品的采集：取新鲜土壤样品，放在牛皮纸上晾干，准备测定土壤 Cd 含量。同时测定土壤含水量。

（6）土样试液的制备：采用分析天平称取 0.500 0 g 土样于 250 mL 烧杯中，用少许水润湿，加入 7 mL 王水，盖上小漏斗，放置过夜。在电热板上加热消解至冒大量棕黄色烟，调节电热板温度，待烟雾散尽，加入 3 mL 高氯酸继续消解到冒白烟，改用低温继续消解，待白烟散尽，三角瓶中溶解物剩余 1～2 mL，土壤样品消解为灰白色时，取下冷却，用少许蒸馏水冲洗小漏斗，过滤到 50 mL 容量瓶中，用蒸馏水定容至 50 mL。同时做空白实验。

（7）植物试液的制备：采用分析天平称取 0.500 0 g 植物样品于 250 mL 烧杯中，用少许水润湿，加入 5 mL 硝酸，盖上小漏斗，在电热板上加热消解至冒大量棕黄色烟，调节电热板，降低温度，待烟雾散尽，加入 2 mL 高氯酸继续消解到冒白烟，改用低温继续消解，待白烟散尽，三角瓶中剩余 1～2 mL 清澈透亮的消解液时，取下冷却，用少许水冲洗小漏斗，过滤到 50 mL 容量瓶中，用蒸馏水定容至 50 mL。同时做空白实验。

（8）标准曲线的绘制：用移液管吸取镉标准液 0 mL、1.00 mL、3.00 mL、6.00 mL、10.00 mL、20.00 mL 于 6 个 100 mL 容量瓶中，用质量分数为 0.2%的 HNO_3 溶液定容至 100 mL、摇匀。此标准系列分别含镉 0 μg/mL、0.05 μg/mL、0.15 μg/mL、0.30 μg/mL、0.5 μg/mL、1.0 μg/mL；测其吸光度，以吸光度为纵坐标，质量分数为横坐标，绘制标准曲线。

六、结果与计算

按绘制标准曲线条件测定试样溶液的吸光度，扣除空白吸光度，从标准曲线上查得镉含量。

$$M = \frac{m}{W} \tag{2-6}$$

式中，m—— 从标准曲线上查得的镉含量，μg；

W—— 称量土样/植物样品干质量，g；

M—— 土壤/植物中 Cd 含量，μg/g。

七、注意事项

（1）选择的有机肥不能或少受到重金属的污染。

（2）外源添加重金属后需要预留一定的老化时间，以保证重金属土壤充分混合和平衡稳定。

八、思考题

（1）为什么施用有机肥能减少植物对重金属的吸收和累积？

（2）不同的有机肥施用对植物吸收重金属是否具有差异？为什么？

实验二十七 不同因素对皂角苷对污泥中 Pb、Cd、Zn 解吸的影响

化学淋洗技术是一种被广泛应用的土壤修复方法，常用的淋洗剂包括无机或有机酸、无机盐化合物、螯合剂和表面活性剂等。生物表面活性剂具有来源广泛、毒性低、化学结构多样和环境友好的特点，并且具有生物可降解性。皂角苷解吸土壤重金属的方式有两种：第一种是通过与溶液中游离态的重金属离子络合，降低重金属离子在液相中的活性，对土壤中重金属进行解吸；第二种是在降低界面张力的情况下，皂角苷聚集在固-液界面上，使皂角苷直接和被吸附的重金属接触，使重金属从土壤颗粒上被解吸。皂角苷对重金属解吸的影响因素复杂，包括皂角苷不同浓度、pH、温度和重金属离子强度和土壤质地（黏土、砂土、矿渣土和含有大量有机质的土壤）等。研究不同因素对皂角苷解吸重金属效率的影响具有重要的意义。

污泥中含有重金属 Pb、Cd、Zn 等，污泥农用会对土壤、地下水和动植物造成污染。实验采用无毒或毒性小、可生物降解表面活性剂皂角苷作为解吸剂，在不同影响因素（质量分数、pH、温度、浸取时间）下对污泥中的重金属 Pb、Cd、Zn 去除效率进行研究，为去除污泥重金属和污泥农用技术优化提供依据。

一、实验目的

通过该实验了解淋洗技术原理，分析淋洗剂的种类及影响淋洗重金属的因素，让学生掌握淋洗重金属的方法和步骤。

二、实验原理

实验采用批量淋洗的方法，研究皂角苷在不同影响因素下的解吸效率。第一，

设置不同质量分数的皂角苷进行淋洗，通过数据分析确定解吸效率最高的皂角苷质量分数；第二，以解吸效率最高的皂角苷质量分数为基础，设置不同的 pH 进行淋洗，分析并确定解吸效率最高的 pH；第三，以已确定的最高淋洗效率的皂角苷质量分数、pH 为基础，设置不同的温度探究解吸效率最高的温度；第四，以最高解吸效率的质量分数、pH、温度进行时间动力学的研究。

三、仪器和设备

三角瓶（250 mL）、分析天平（万分之一）、量筒（100 mL）、pH 计、滴管、沙浴锅、火焰原子吸收分光光度计、容量瓶（50 mL、100 mL、500 mL）、恒温摇床、漏斗、移液管（10 mL）、尼龙筛（1 mm）。

四、材料与试剂

生物表面活性剂皂角苷，1 mol/L 的 NaOH 溶液，1 mol/L 的 HNO_3 溶液，分析纯的高氯酸、盐酸、硝酸，蒸馏水以及 Pb、Cd、Zn 标准溶液。金属标准储备液：使用分析天平准确称取 0.500 0 g 光谱纯金属，用适量的 1∶1 硝酸溶解，必要时加热直至完全溶解。用玻璃棒引流至 500 mL 容量瓶中，用蒸馏水定容至 500 mL，即得质量浓度为 1.00 mg/mL 的标准储备液。

五、实验步骤

（一）土样预处理

（1）将污水处理厂采集的污泥样品置于阴凉、通风处晾干，剔除其中的碎石和杂草后，用玻璃棒压散，并通过 1 mm 的尼龙筛后，用四分法多次筛选后取作污泥供试样品，装入密封袋备用。

（2）土样消解：采用分析天平称取 1.000 0 g 步骤 1 中制备的土样，置于 250 mL 的三角瓶中，加入王水 30 mL 浸泡过夜，在 170℃下于沙浴锅中进行消煮，在三角瓶中液体剩余 1～2 mL 时，加入分析纯的高氯酸 10 mL 继续消煮，待下一次溶液液体剩余 1～2 mL 时，观察土样是否呈灰白色，若不是则继续加高氯酸至液体剩余 1～2 mL 时呈灰白色，过滤后，将滤液用玻璃棒引流到 50 mL 容量瓶中，并用蒸馏水定容至 50 mL。

（3）用火焰原子吸收分光光度计进行测定（结果为 A mg/L），测定方法参考实验十七。

（4）计算土壤中重金属含量 x（mg/g）：

$$x=\frac{A\times 0.05\ (\mathrm{L})}{1.000\,0\ (\mathrm{g})} \tag{2-7}$$

式中，A——从工作曲线中查得的重金属含量，mg/L。

（二）土样中水溶态重金属含量

（1）使用分析天平称取 2.000 0 g 土样，放入 250 mL 的三角瓶中，加入蒸馏水 90 mL，做 3 个重复组，密封后放入恒温摇床在 25℃、150 r/min 的条件下振荡 8 h。

（2）振荡完成后对其进行过滤，将滤液用玻璃棒引流到 100 mL 容量瓶中，并用蒸馏水定容至 100 mL，待测。

（3）用火焰原子吸收分光光度计进行测定，结果为 B mg/L，测定方法参考实验十七。

（4）计算水溶态重金属含量 y（mg/g）：

$$y=\frac{B\times 0.1(\mathrm{L})}{2.000\,0(\mathrm{g})} \tag{2-8}$$

式中，B——从工作曲线中查得的重金属含量，mg/L。

将土壤中重金属总量和水溶态含量记入表 2-5 中。

（三）不同质量分数皂角苷对解吸效率的影响

（1）根据公式（2-9），用不同质量分数（如 1.2%、2.4%、3.6%、4.8%、5.0%……）皂角苷溶液对土样进行淋洗。

$$质量分数=\frac{溶质质量}{溶液质量} \tag{2-9}$$

（2）使用分析天平称取 2.000 0 g 土样，放入 250 mL 的三角瓶中，加入不同质量分数的皂角苷 90 mL，每个不同质量分数做 3 个重复组，密封后放入恒温摇床在 25℃、150 r/min 条件下振荡 8 h。

（3）振荡完成后对其进行过滤，将滤液用玻璃棒引流到 100 mL 容量瓶中，并用蒸馏水定容至 100 mL，待测。

（4）用火焰原子吸收分光光度计进行测定，结果为 C_1（mg/L），测定方法参考实验十七。

（5）计算土壤被皂角苷淋洗后的重金属含量 z（mg/g）：

$$z=\frac{C\times 0.1(\text{L})}{2.000\,0(\text{g})} \tag{2-10}$$

式中，C —— 从工作曲线中查得的重金属含量，mg/L。

（6）解吸效率的计算：

$$解吸效率=100\%\times\frac{z-y}{x} \tag{2-11}$$

式中，x —— 供试样品中重金属含量，mg/g；

y —— 水溶态重金属含量，mg/g；

z —— 皂角苷淋洗后土壤重金属含量，mg/g。

（7）分析结果选择解吸效率最高的质量分数。

将不同质量分数对皂角苷解吸效率的影响记入表 2-6 中。

（四）pH 对皂角苷解吸效率的影响

（1）设置不同 pH，如 1、3、5、7、9……

（2）使用分析天平称取 2.000 0 g 土样，放入 250 mL 的三角瓶中，加入选定的解吸效率最高的质量分数的皂角苷 90 mL，用浓度为 1 mol/L 的 NaOH、1 mol/L 的 HNO_3 调节至所设 pH，每个不同 pH 做 3 个重复组，密封后放入恒温摇床在 25℃、150 r/min 条件下振荡 8 h。

（3）振荡完成后对其进行过滤，将滤液用玻璃棒引流到 100 mL 容量瓶中，并用蒸馏水定容至 100 mL，待测。

（4）用火焰原子吸收分光光度计进行测定，结果为 C_2（mg/L），测定方法参考实验十七。

（5）用式（2-10）计算土壤在不同 pH 下皂角苷淋洗后重金属含量。

（6）用式（2-11）计算解吸效率。

（7）分析结果选择解吸效率最高的 pH。

将 pH 对皂角苷解吸效率的影响记入表 2-7 中。

（五）温度对皂角苷解吸效率的影响

（1）设置不同温度，如 5℃、15℃、25℃、35℃、45℃……

（2）称取 2.000 0 g 土样放入 250 mL 的三角瓶中，加入选定的解吸效率最高的质量分数的皂角苷 90 mL，用浓度为 1 mol/L 的 NaOH、1 mol/L 的 HNO_3 调节 pH 至选定的最高解吸效率的 pH，每个不同温度做 3 个重复组，密封后放入恒温摇床以 25℃、150 r/min 下振荡 8 h。

（3）振荡完成后对其进行过滤，将滤液用玻璃棒引流到 100 mL 容量瓶中，并用蒸馏水定容至 100 mL，待测。

（4）用火焰原子吸收分光光度计进行测定，结果为 C_3（mg/L），测定方法参考实验十七。

（5）用式（2-10）计算土壤在不同 pH 下皂角苷淋洗后的重金属含量。

（6）用式（2-11）计算解吸效率。

（7）分析结果选择解吸效率最高的温度。

将温度对皂角苷解吸效率的影响记入表 2-8 中。

（六）振荡时间对皂角苷解吸效率的影响

（1）设置不同振荡时间，如 4 h、8 h、12 h、16 h、20 h、24 h……

（2）称取 2.000 0 g 土样放入 250 mL 的三角瓶中，加入选定的解吸效率最高的质量分数的皂角苷 90 mL，用浓度为 1 mol/L 的 NaOH、1 mol/L 的 HNO_3 溶液调节 pH 至选定的最高解吸效率的 pH，放入恒温摇床以选定的解吸效率最高的温度，150 r/min 下振荡。设置不同的振荡时间，每个不同的时间做 3 个重复组。

（3）振荡完成后对其进行过滤，将滤液使用玻璃棒引流到 100 mL 容量瓶中，并用蒸馏水定容至 100 mL，待测。

（4）用火焰原子吸收分光光度计进行测定，结果为 C_4（mg/L），测定方法参考实验十七。

（5）用式(2-10)计算土壤在不同 pH 下皂角苷淋洗后的重金属含量；使用式(2-11)计算解吸效率。

（6）分析结果选择解吸效率最高的时间。

将振荡时间对皂角苷解吸效率的影响记入表 2-9 中。

六、结果与计算

（一）土样消解重金属总量和水溶态含量数据填写

表 2-5　土壤中重金属总量和水溶态含量

	编号	A	B	x	y	x 的平均值	y 的平均值
Pb	1						
	2						
	3						
Cd	1						
	2						
	3						
Zn	1						
	2						
	3						

（二）不同质量分数对皂角苷解吸效率的影响

表 2-6　不同质量分数对皂角苷解吸效率的影响

质量分数	编号	Pb			Cd			Zn		
		C_1	z	解吸效率/%	C_1	z	解吸效率/%	C_1	z	解吸效率/%
—	1									
	2									
	3									
—	1									
	2									
	3									
—	1									
	2									
	3									
—	1									
	2									
	3									
—	1									
	2									
	3									

解吸效率最高的质量分数为____________；最高解吸效率为____________。

（三）pH 对皂角苷解吸效率的影响

表 2-7　pH 对皂角苷解吸效率的影响

pH	编号	Pb			Cd			Zn		
		C_2	z	解吸效率/%	C_2	z	解吸效率/%	C_2	z	解吸效率/%
—	1									
	2									
	3									
—	1									
	2									
	3									
—	1									
	2									
	3									
—	1									
	2									
	3									
—	1									
	2									
	3									
解吸效率最高的 pH 为________；最高解吸效率为________。										

（四）温度对皂角苷解吸效率的影响

表2-8 温度对皂角苷解吸效率的影响

温度/℃	编号	Pb			Cd			Zn		
		C_3	z	解吸效率/%	C_3	z	解吸效率/%	C_3	z	解吸效率/%
—	1									
	2									
	3									
—	1									
	2									
	3									
—	1									
	2									
	3									
—	1									
	2									
	3									
—	1									
	2									
	3									
解吸效率最高的温度为__________；最高解吸效率为__________。										

（五）振荡时间对皂角苷解吸效率的影响

表 2-9 振荡时间对皂角苷解吸效率的影响

时间	编号	Pb			Cd			Zn		
		C_4	z	解吸效率/%	C_4	z	解吸效率/%	C_4	z	解吸效率/%
—	1									
	2									
	3									
—	1									
	2									
	3									
—	1									
	2									
	3									
—	1									
	2									
	3									
—	1									
	2									
	3									
解吸效率最高的时间为________；最高解吸效率为________。										

结论：最高解吸效率的质量分数为________，pH 为________，温度为______，时间为______，最终解吸效率为______。

七、注意事项

（1）所有实验用的玻璃器皿需提前一天用低浓度的硝酸浸泡过夜并用蒸馏水进行润洗。

（2）使用 pH 计时要校准，调节 pH 的过程要充分摇匀。

（3）土壤预处理消煮过程中，提前一天用王水浸泡土样，待消煮的三角瓶中溶液快干时加入高氯酸且少量多次至土样灰白。

（4）使用火焰原子吸收分光光度计时燃料为乙炔气体，会危害人体健康，注意打开抽烟机和门窗通风；不连续使用时关闭气阀。

八、思考题

（1）列举化学淋洗剂对不同类型重金属的淋洗效果，与皂角苷相比有何优缺点？

（2）简述生物表面活性剂概念，列举目前生物表面活性剂种类及淋洗不同重金属的效果。

实验二十八　丛枝菌根真菌对受污染土壤 Cd 流失的影响

进入农田的 Cd 主要积累在土壤表层，由于 Cd 具有溶解度高、可移动性强的特性，在降雨条件下，污染农田的 Cd 易随水流迁移，成为受污染农田土壤 Cd 扩散的重要方式之一。

丛枝菌根真菌（Arbuscular Mycorrhizal Fungi，AMF）是土壤中重要的微生物，能够与地球上约 80%的陆生植物形成共生体。AMF 与植物根系形成菌根后，菌丝在土壤中生长、分枝和延伸，形成庞大密集的菌丝网络。土壤中的 AMF 菌丝缠绕在土壤颗粒表面，能够吸附和固持 Cd 离子，并通过释放多糖、蛋白质等组分显著改变土壤团粒结构与化学性质。因此，AMF 菌丝具有影响矿质元素在水土介质间的分配、改变受污染农田土壤 Cd 淋溶流失的生态功能。

一、实验目的

通过开展模拟降雨条件下，接种 AMF 对受污染农田土壤 Cd 淋溶流失的影响实验，丰富学生对受污染农田土壤 Cd 淋溶流失特征、AMF 影响受污染农田土壤 Cd 淋溶流失的生态效应的认识，了解 AMF 在受污染农田土壤中的生态功能。

二、实验原理

AMF 在土壤中生长，AMF 菌丝及其分泌物附着在土壤颗粒表面，显著改变土壤颗粒的表面化学性质及其吸附重金属离子的能力，影响重金属离子在水土介质间的吸附平衡，进而影响重金属离子的淋溶流失。

三、仪器和设备

抽滤瓶、量筒（50 mL）、三角瓶（100 mL）、小漏斗（直径 6 cm）、容量瓶（50 mL、100 mL）、移液管（50 mL）、石墨炉原子吸收分光光度计、土壤筛（2 mm）。

四、材料与试剂

材料：AMF 菌种、玉米种子（会单四号）、污染农田土壤、0.45 μm 滤膜、滤纸。

试剂：优级纯硝酸、优级纯盐酸、过氧化氢。

王水：优级纯硝酸：优级纯盐酸=1：3（现用现配，体积比）。

石墨炉标液：现用现配，用移液管取 0.1 mL 质量浓度为 1 mg/L 的 Cd 标准溶液（20 mg/L Pb 标准溶液），用玻璃棒引流至 100 mL 容量瓶中，用蒸馏水定容至 100 mL，摇匀。

五、实验步骤

（一）土柱制备

采集被 Cd 污染的农田土壤，过 2 mm 筛，去除大块石粒和植物根系，采用高温灭菌法（121℃，2 h）灭菌处理。采用直径 11 cm、高 25 cm 的 PVC 管，制备淋溶土柱。在土柱底层铺放 2 cm 厚的石英砂，防止土壤堵塞出水口，装土高度 20 cm。

（二）实验设计

以 Cd 污染的农田土壤为供试土壤，玉米为宿主植物，设不接种和接种 AMF 两个处理。在大棚内，自然光照、室温 14～29℃条件下，开展土柱培养实验；其间根据盆栽土壤水分状况，每 3 d 浇灌去离子水 100～200 mL，保持土壤湿润。玉米种植 30 d 后，开展淋溶实验。

（三）土柱淋溶

淋溶量为 1 L 蒸馏水。在淋溶开始后，打开土柱底部的出水阀，收集土柱产生的淋溶液，直至出水阀不产生水滴为止。收集到的淋溶液体积由量筒测量，并用于 Cd、Pb 浓度测定。

（四）样品测定

（1）用量筒准确量取 100 mL 淋溶液于抽滤瓶抽滤，0.45 μm 滤膜上为颗粒态样品，叠好滤膜后放于 50 mL 三角瓶 75℃烘干 3 h 后备用。抽滤瓶中为水溶态样品，使用量筒量取 50 mL 放于 100 mL 三角瓶中，备用。

（2）水溶态样品中加入 5 mL 优级纯硝酸、5 mL 过氧化氢，盖好消解漏斗后于通风橱内的沙浴锅上缓慢升温至 90℃，分解有机质，随后升温至 105～115℃、浓缩至 1～2 mL 后，按照步骤（4）定容。

（3）颗粒态样品加 5 mL 王水后密封过夜，使样品初步分解，王水体积依照颗粒态含量调整（5～10 mL）。第 2 日于 90℃消化至 1～2 mL 后加入 5 mL 优级纯硝酸、5 mL 过氧化氢消化至 1～2 mL，再加 5 mL 优级纯硝酸重复上述步骤至溶液澄清透明后，按照步骤（4）定容。

（4）使用超纯水冲洗消解漏斗后，三角瓶中加入少量超纯水至 10～20 mL 后摇匀，滤纸应考虑使用双层、使用前润湿，消解液使用玻璃棒引流转移至 50 mL 容量瓶后反复冲洗三角瓶（3 次及以上，注意水量），然后定容至 50 mL。

（5）配制最高浓度标样（镉 1 μg/L、铅 20 μg/L），采用石墨炉原子吸收分光光度计测定。

六、结果与计算

水溶态重金属含量的计算公式如下：

$$M_1=\rho_1\times V/1\ 000 \tag{2-12}$$

式中，M_1 —— 水溶态重金属含量，mg/L；

ρ_1 —— 石墨炉测得的质量浓度，μg/L；

V —— 收得的总淋溶液体积，L。

颗粒态重金属含量的计算公式如下：

$$M_2=\rho_2\times V/1\ 000 \tag{2-13}$$

式中，M_2 —— 水溶态重金属含量，mg/L；

ρ_2 —— 石墨炉测得的质量浓度，μg/L；

V—— 收得的总淋溶液体积，L。

七、注意事项

（1）硝酸、王水、过氧化氢均有强腐蚀性，试验全程需佩戴口罩、手套。腐蚀性液体不慎喷溅至皮肤时切勿惊慌，立即用大量清水冲洗，如有不适，及时就医。

（2）样品体积选择应考虑样品中重金属含量，土壤重金属含量较低时可适度浓缩，反之亦然。浓度无法确定时可选用不稀释方案操作，在火焰原子吸收光度计测量值小于 0.005 mg/L 时稀释至 1 μg/L 于石墨炉测量。

（3）水溶态样品使用的三角瓶体积应大于样品体积，量取 50 mL 水样时使用 100 mL 三角瓶。

（4）消解时加入过氧化氢后必须冷却至室温后放入样品，升温至 90℃后维持 30 min 以防喷溅。消解结束后母液应为无色透明，颗粒态样品有少量白色沉淀。

八、思考题

（1）丛枝菌根真菌对受污染土壤的理化性质有何影响？

（2）丛枝菌根真菌影响受污染土壤 Cd 淋溶流失的机理是什么？

实验二十九 十字花科植物对 Pb 和 Cd 吸收累积差异

不同植物对重金属的吸收、积累量差异很大。例如，同等污染浓度下，小麦、大豆易吸收土壤中的重金属，并向地上部分迁移，玉米吸收重金属的能力较低。蕨类植物吸收 Cd 的量较多，植物体内含 Cd 可高达 1 200 mg/kg；双子叶植物吸收 Cd 的量也相当高，如向日葵、菊花体内含 Cd 可高达 400 mg/kg 和 180 mg/kg；单子叶植物含 Cd 比双子叶植物少。不同生态型的作物，其吸收迁移重金属的能力差异也很大，生长在污染区的作物在生理、生化和遗传上发生相应的变化，形成与环境相适应的抗性生态型。生态型之间对污染物吸收的差异比较复杂。同一植物在不同生长期对重金属的吸收量也存在差异。水稻对 Cd 的吸收大部分是在抽穗期、开花期和灌浆期。同一植物的不同部位吸收污染物也有差异。

在我国的矿区植被中十字花科植物有广泛分布，且品种繁多。十字花科植物在重金属高污染环境中具有一定自我调节机制，能适应恶劣的环境，十字花科植物在矿区植被恢复中，可作为优先考虑种类。超富集植物中十字花科植物主要集中在芸薹属、庭芥属及遏蓝菜属。例如，拟南芥（*Arabidopsis thaliana*）、小花南芥（*Arabis alpina*）、圆锥南芥（*Arabis paniculata*）、印度芥菜（*Brassica juncea*）、遏蓝菜（*Thlaspi arvense*）等在矿区都有一定的分布。

一、实验目的

通过本实验，要掌握植物种子发芽实验方法和发芽率的计算方法；了解不同十字花科植物对重金属的响应及累积差异，分析产生差异的可能原因。

二、方法原理

十字花科植物具有较强的重金属吸收能力，通过比较十字花科植物油菜、遏蓝菜、小花南芥、圆锥南芥、拟南芥和荠菜对 Pb、Cd 吸收累积的差异，探讨十字花科植物对 Pb、Cd 修复的潜力，从而为减少土壤重金属污染和重金属污染土壤的农业利用提供理论依据。

三、仪器和设备

分析天平（万分之一）、原子吸收分光光度计、消煮炉、光照培养箱、烘箱、烧杯（100 mL）、三角瓶（150 mL）、容量瓶（10 mL、1 000 mL）、培养皿（直径 120 mm）和移液管（10 mL）。

四、材料与试剂

（一）十字花科植物种子

油菜、遏蓝菜、小花南芥、荠菜、小白菜。

（二）试剂

醋酸铅、氯化镉、硝酸、硫酸、高氯酸、次氯酸钠。

五、实验步骤

（1）重金属溶液的配制。采用分析天平准确称取 1.570 0 g 醋酸铅，溶于 100 mL 蒸馏水，使用玻璃棒引流至 1 000 mL 容量瓶中，用蒸馏水定容到 1 000 mL，即为 1 000 mg/L 的 Pb^{2+}溶液，然后再稀释为所需的质量浓度（0 mg/L、50 mg/L、100 mg/L、500 mg/L、1 000 mg/L）。采用分析天平准确称取 200.300 0 mg 氯化镉，溶于 100 mL 蒸馏水中，使用玻璃棒引流至 1 000 mL 容量瓶中，用蒸馏水定容到 1 000 mL，即质量浓度为 100 mg/L 的 Cd^{2+}溶液，然后再稀释为所需的质量浓度（0 mg/L、5 mg/L、10 mg/L、50 mg/L、100 mg/L）。

（2）种子的预处理。取颗粒饱满、大小均匀的植物种子置于烧杯内，用自来水冲洗 2～3 次，用质量分数为 5%的次氯酸钠溶液消毒 4～5 min，再用自来水清洗数次，于 30℃的温水中浸种吸涨 30 min。

（3）种子的重金属处理及培养。取干净培养皿 10 套，分别加入蒸馏水或不同浓度的 Pb^{2+}和 Cd^{2+}的溶液 10 mL，在每个培养皿中加入一张滤纸，用镊子放入预处理的植物种子 30 粒，盖好培养皿，置 30℃恒温箱中培养，同时用蒸馏水作对照试验。每隔 2d 加一次蒸馏水（1～2 mL）或不同浓度的 Pb^{2+}和 Cd^{2+}的溶液（1～2 mL）。

六、结果计算

培养 2 d、4 d、6 d、8 d、10 d、20 d 后观察植物种子发芽及幼苗生长情况，并分别记入表 2-10 中。测定不同 Pb^{2+}和 Cd^{2+}处理质量浓度、已发芽的种子的平均数、平均根数和平均芽长，计算发芽率、发芽率变化百分数、平均芽长变化百分数、平均根数变化百分数和平均根长变化百分数，方法参考实验五。培养 20 d 后需取植物幼苗测定生物量、重金属含量及重金属累积量，记录结果并加以解释。

表 2-10　实验记录

种子名称：　　　　种子总数/颗：　　　　培养天数/d：

实验组别	1	2	3	4	5
Pb^{2+}或 Cd^{2+}处理质量浓度/（mg/L）					
发芽种子平均数/个					
发芽率/%					
平均芽长/cm					
平均根数/个					
发芽率变化百分数/%					
平均芽长变化百分数/%					
平均根数变化百分数/%					
平均根长变化百分数/%					
生物量/g					
Cd 或 Pb 含量/（mg/kg）					
Cd 或 Pb 累积量（生物量×Cd 或 Pb 含量）/mg					

植物Cd、Pb含量的测定：采用分析天平准确称取0.2 g经过烘干磨好的植株样品，置于三角瓶中，放入数粒玻璃珠，加10 mL混合酸（HNO_3：$HClO_4$=4：1），加盖浸泡过夜。然后加一小漏斗于电炉上进行消解，若变为棕黑色再加混合酸，直至冒白烟，消化液呈无色透明或略带黄色，放冷后消化液过滤，使用玻璃棒引流至10 mL容量瓶中，用蒸馏水定容至10 mL，混匀备用。用火焰原子吸收分光光度计测定Cd、Pb含量。测定方法参考实验十八。

七、注意事项

（1）应该选择大小一致、饱满、没有病变和霉变的种子。

（2）种子消毒过程中应该注意时间和温度，以免种子失活。

（3）培养过程中注意防止污染，及时添加溶液，避免水干，导致种子或幼苗失水死亡。

（4）植物消煮过程中极易产生挥发性的强酸蒸汽，因此该步骤必须在通风橱中戴手套和戴口罩操作，避免对呼吸道的刺激。废液也必须收集在密闭容器中并做好标注。

八、思考题

（1）为什么不同的植物具有不同的重金属累积差异？

（2）不同重金属对植物的发芽和幼苗影响存在差异的原因是什么？

实验三十　不同玉米品种对Pb和Cd吸收累积差异

植物吸收和累积重金属不仅存在显著的种间差异，同时也存在种内差异，如玉米、水稻、小麦、大豆、花生、马铃薯等作物的不同品种对重金属吸收存在显著差异。玉米作为我国主要的粮食作物，在铅锌矿区周边大面积种植。目前对于重金属低积累玉米品种筛选集中在 Cd、Pb 低积累品种上，通过玉米产量、玉米地上部 Cd 和 Pb 含量、富集系数、转运系数等指标综合评价，筛选出高产，可食且部分籽实具有低积累 Cd、Pb 潜力的品种，以便在 Cd、Pb 轻度污染区推广种植。低积累玉米品种应用于矿区农业生产，能有效降低玉米产品的 Cd、Pb 污染风险，是矿区重金属轻度污染农田综合利用的一个切实可行的措施。

一、实验目的

以不同玉米品种为研究材料，开展不同玉米品种对 Pb、Cd 吸收累积差异的实验，丰富学生对不同玉米品种 Pb、Cd 吸收累积特征及品种间差异的认识，了解不同品种玉米 Pb、Cd 吸收累积差异的机理、低累积作物品种的应用前景。

二、实验原理

不同基因型玉米品种对 Pb、Cd 胁迫的响应不尽相同，同一基因型不同部位之间 Pb、Cd 累积也有所差异。不同作物品种及同一作物不同部位在重金属积累方面都存在比较大的差异，这种差异不仅表现在营养器官上，而且在繁殖器官中也有所不同。Pb、Cd 在玉米不同部位的分布决定了不同玉米品种的实际利用价值，茎叶 Pb、Cd 含量较低的品种，可用作青贮饲料，而籽粒 Pb、Cd 含量比较低的品种，能满足粮食安全生产需求。

三、仪器和设备

电热鼓风干燥箱、电子秤、分析天平（万分之一）、尼龙筛（100 目）、容量瓶（25 mL、50 mL、100 mL）、移液管（10 mL）、沙浴锅、定量滤纸、三角瓶（150 mL）、石墨炉原子吸收分光光度计、火焰原子吸收光谱仪。

四、材料与试剂

硝酸（HNO_3）、高氯酸（$HClO_4$）、盐酸（HCl）、30%过氧化氢、王水（浓硝酸∶浓盐酸=1∶3 体积比混合）；质量浓度分别为 0 μg/L、0.5 μg/L、1.0 μg/L、1.5 μg/L、2.0 μg/L、3.0 μg/L 的 Cd 标准溶液（用于植物 Cd 含量的测定）；质量浓度分别为 0 mg/L、0.05 mg/L、0.10 mg/L、0.15 mg/L、0.20 mg/L、0.25 mg/L 的 Cd 标准溶液（用于土壤 Cd 含量的测定）；质量浓度分别为 0 μg/L、5.0 μg/L、10.0 μg/L、20.0 μg/L、30.0 μg/L、40.0 μg/L 的 Pb 标准溶液（用于植物 Pb 含量的测定）；质量浓度分别为 0 mg/L、0.5 mg/L、1.0 mg/L、1.5 mg/L、2.0 mg/L、2.5 mg/L 的 Pb 标准溶液（用于土壤 Pb 含量的测定）。

五、实验步骤

（一）玉米种植

选用不同玉米品种作为实验材料，在矿区周边受 Pb、Cd 轻度污染农田种植，每个品种随机种植 3 个小区，小区面积为 30 m^2，株距为 40 cm，行距为 60 cm，每穴播 3 粒玉米种子，待玉米长出 3 片叶子时间苗，每穴仅留 1 株。常规水肥管理至籽粒成熟，采样。

（二）样品采集和制备

采集的植株样品分为根、茎叶、籽粒 3 部分，用清水洗净后，再用去离子水冲洗，在 105℃烘箱中杀青 30 min，再调至 75℃至样品完全烘干，用瓷研钵研碎，过 100 目尼龙筛，备用。

（三）测定方法

生物量：步骤（二）的样品用电子秤称量，记下数值。

植株中 Cd、Pb 含量测定：采用分析天平称取 1.000 0～2.000 0 g 样品置于聚四氟乙烯内罐中，加 2～4 mL HNO_3 浸泡过夜，再加 2～3 mL H_2O_2（30%），盖好内盖，旋紧不锈钢外套，放入恒温干燥箱 120～140℃保持 3～4 h，消解制备成待测液，过滤后，用玻璃棒引流到 25 mL 容量瓶中，用蒸馏水定容到 25 mL。使用石墨炉原子吸收分光光度法，测定玉米 Cd、Pb 含量。方法参考实验十八。

土壤中 Cd、Pb 含量测定：采用分析天平称取过 100 目尼龙筛的风干土样 5.000 0 g，置于 150 mL 三角瓶中，用少量水湿润样品，加王水 20 mL，轻轻摇匀；盖上小漏斗过夜，置于电热板或电砂浴上，在通风橱中低温（140～160℃）加热至微沸，待棕色氮氧化物基本赶完后，取下冷却；沿壁加入 10～20 mL 高氯酸，继续加热消化产生浓白烟挥发大部分高氯酸，三角瓶中样品呈灰白色糊状，取下冷却。用蒸馏水约 20 mL 洗涤容器内壁，摇匀，用中速定量滤纸，将滤液用玻璃棒引流到 100 mL 容量瓶中，用蒸馏水清洗残渣 3～4 次，冷却后，用蒸馏水定容至 100 mL。使用火焰分光光度计测定土壤中 Cd、Pb 含量。方法参考实验十七。

六、结果计算

玉米中 Cd（Pb）含量（μg/kg）的计算公式如下：

$$玉米中\ Cd（Pb）含量=\frac{(\rho-\rho_0)V}{m} \tag{2-14}$$

式中，ρ —— 测定液中 Cd（Pb）的质量浓度，μg/L；

ρ_0 —— 空白试验溶液中 Cd（Pb）的质量浓度，μg/L；

V —— 试样消化液总体积，mL；

m —— 样品质量，g。

土壤中 Cd（Pb）含量（mg/kg）的计算公式如下：

$$土壤中\ Cd（Pb）含量=\frac{(\rho-\rho_0)V}{m\cdot k} \tag{2-15}$$

式中，ρ—— 测定液中 Cd（Pb）的质量浓度，mg/L;

ρ_0—— 空白试验溶液中 Cd（Pb）的质量浓度，mg/L;

V—— 测定液体积，mL;

m—— 样品质量，g;

k—— 水分系数。

植物重金属累积量=植物重金属含量×植物生物量 （2-16）

重金属富集系数=植物体内重金属含量/土壤中重金属含量×100% （2-17）

转运系数=植物地上部分中的金属含量/地下部分中的金属含量（S/R） （2-18）

七、注意事项

（1）植物样品消解完毕后，消解罐温度很高，不要直接接触消解罐，待消解罐自然冷却至室温后再进行过滤。

（2）有机质过多的土壤应增加王水量，使大部分有机物消化完全后再加高氯酸，否则加高氯酸会发生强烈反应，使瓶内物溅出，甚至发生爆炸。

（3）样品消煮时温度不能太高，温度高于 250℃时，高氯酸会大量冒烟，导致样品 Cd 损失。

（4）样品经高氯酸消化并蒸至近干，土粒若为深灰色，说明有机物质未消化完全，应再加高氯酸重新消解至土样呈灰白色。

（5）消煮过程中应有实验人员守候，注意沙浴锅或试验样品是否有异样。

八、思考题

（1）不同玉米品种对 Pb 和 Cd 的吸收累积是否有差异，原因是什么？

（2）不同玉米品种对 Pb 和 Cd 的富集系数、转运系数是否相同，为什么？

实验三十一　超富集植物伴矿景天对土壤 Cd 和 Zn 吸收累积特征

在众多重金属污染土壤修复方式中，植物修复以其原位修复、成本低、不破坏土壤结构、不引起二次污染等优点表现出了广阔的市场前景，可广泛地应用于矿山恢复、改良重金属污染的土壤等。重金属污染土壤的植物修复技术根据作用的过程和机理分为 3 种类型：植物稳定、植物挥发和植物提取。

国内外利用超富集植物修复重金属污染土壤已有不少成功案例。利用天蓝遏蓝菜连续多年种植，降低甚至清除了土壤中的 Cd 污染；超富集植物伴矿景天（*Sedum plumbizincicola*）可以用于受 Cd、Zn 污染土壤的修复和污灌区重金属 Cd 污染的土壤修复；受 Cd、Zn 污染的农田上运用伴矿景天+玉米、高粱间作进行连续修复。芹菜与超富集植物伴矿景天间作显著提高超富集植物伴矿景天修复受 Cd、Zn 污染土壤的效率。因此，利用超富集植物进行植物修复具有重要的价值和意义。

一、实验目的

以 Zn、Cd 超富集植物伴矿景天为研究材料，开展伴矿景天对土壤 Cd 和 Zn 吸收累积特征的实验，加强学生对伴矿景天对 Cd、Zn 吸收累积特征和土壤植物修复的认识，了解超富集植物修复重金属污染土壤的理论、技术与应用前景。

二、实验原理

超富集植物伴矿景天的根系对土壤中难溶态重金属有较强的活化能力，根系分泌的有机酸复合或螯合溶解土壤中的重金属，在根细胞质膜上的专一性金属还原酶作用下，土壤中高价金属离子被还原，溶解性增加，从而增加伴矿景天对重金属的吸收。伴矿景天也会通过细胞壁沉淀作用、细胞区室化作用、重金属螯合作用、酶系统保护作用等对重金属产生耐受机制。

三、仪器和设备

原子吸收分光光度计、恒温干燥箱、压力消解罐、沙浴锅、移液管（10 mL）、尼龙筛（1 mm、100 目）、三角瓶（150 mL）和容量瓶（50 mL、100 mL）。

四、材料与试剂

（一）试剂

优级纯硝酸、优级纯盐酸、优级纯高氯酸、过氧化氢、王水（优级纯硝酸：优级纯盐酸=1∶3)、混合酸（优级纯硝酸：优级高氯酸=4∶1)。

（二）标液

20 mg/mL 母液：用移液管量取 1 mL 质量浓度为 1 000 mg/L 标液到 50 mL 容量瓶中，用蒸馏水定容至 50 mL。质量浓度分别为 0 μg/L、0.5 μg/L、1.0 μg/L、1.5 μg/L、2.0 μg/L、3.0 μg/L 的 Cd 标准溶液（用于植物 Cd 含量的测定），质量浓度分别为 0 mg/L、0.05 mg/L、0.10 mg/L、0.15 mg/L、0.20 mg/L、0.25 mg/L 的 Cd 标准溶液（用于土壤 Cd 含量的测定），质量浓度分别为 0 μg/L、5.00 μg/L、10.0 μg/L、20.0 μg/L、30.0 μg/L、40.0 μg/L 的 Pb 标准溶液（用于植物 Pb 含量的测定），质量浓度分别为 0 mg/L、0.5 mg/L、1.0 mg/L、1.5 mg/L、2.0 mg/L、2.5 mg/L 的 Pb 标准溶液（用于土壤 Pb 含量的测定）。

五、实验步骤

（1）供试土壤采自受 Cd 和 Zn 污染的农田土壤或矿山污染土壤。

（2）称取 30 kg 过 2 mm 的风干土壤放入泡沫箱（50 cm × 40 cm × 30 cm）。扦插大小、长势一致的伴矿景天幼苗 8 株，行距和株距都为 15 cm。每天浇水 1 次，以开始产生下渗水为限。60 d 后收获伴矿景天。

（3）伴矿景天植株取地上部分和根，分别用自来水冲洗后，再用去离子水冲洗干净，沥干水后 105℃下烘箱中杀青 30 min，然后 70℃烘干至恒重，分别称量、记录干物质量。使用研钵研碎烘干样品、混匀，过 1 mm 筛后，备用。抖根法收集植物根际土壤 200 g，风干土壤，研磨过 1 mm 尼龙筛，备用。

（4）实验方法：

①压力消解罐消解法

消解：采用分析天平称取植物样品 0.2～0.5 g，置于消解罐四氟乙烯内罐中，加硝酸 2～4 mL 浸泡过夜。再加过氧化氢（30%）2～4 mL 盖好内盖，旋紧不锈钢外套，放入恒温干燥箱 120～140℃保持 3～4 h 后，在恒温干燥箱中自然冷却至室温，使用超纯水冲洗消解罐内罐后摇匀过滤，使用双层滤纸且使用前润湿，母液转移至容量瓶后反复冲洗内罐（3 次及以上，注意水量），用玻璃棒引流入 50 mL 容量瓶中，用蒸馏水定容至 50 mL。用一份不加植物样品的硝酸及过氧化氢参与消解过程，作为空白对照。

采用原子吸收分光光度计法测定植物消解液中 Cd 和 Zn 含量。方法参考实验十八。

②湿式消解法

a. 植株消解

采用分析天平称取植物样品 0.500 0～1.000 0 g，置于三角瓶中，放数粒玻璃珠，加 10 mL 混合酸，密封浸泡过夜。试样加消解漏斗后于沙浴锅加热，若变为棕黑色，则补加混合酸，直至冒白烟，消化液呈无色或略带为黄色即消解完全。另单独一份混合酸不加植物样参与消解过程为空白。

定容：使用超纯水冲洗消解漏斗，后于三角瓶中加入少量超纯水至 10～20 mL 后摇匀，滤纸应考虑使用双层、使用前润湿，母液转移至容量瓶后反复冲洗三角瓶（3 次及以上，注意水量），用玻璃棒引流入 100 mL 容量瓶中，用蒸馏水定容至 100 mL。

采用原子吸收分光光度计法测定植物消解液中 Cd 和 Zn 含量。方法参考实验十八。

b. 土样消解

消解：采用分析天平称取过 100 目尼龙筛的风干土样 5.000 0 g，置于 150 mL 三角瓶中，用少量水湿润样品，加王水 20 mL，轻轻摇匀，盖上小漏斗过夜，置于电热板或电砂浴上，在通风橱中低温（140～160℃）加热至微沸，此时三角瓶中样品在消解过程中有黄棕色烟雾产生，保持此时温度继续消解至赶尽黄棕色烟雾，土壤样品呈灰白色后将其取下冷却，沿壁加入 10～20 mL 高氯酸，继续加热消化产生浓白烟挥发大部分高氯酸，三角瓶中样品呈灰白色糊状，取下冷却。用蒸馏水约 20 mL 洗涤容器内壁，摇匀，用中速定量滤纸过滤，用玻璃棒引流入 100 mL 容量瓶中，用蒸馏水清洗残渣 3～4 次，冷却后，用蒸馏水定容至 100 mL。

原子吸收分光光度计法测定土壤消解液中 Cd 和 Zn 含量。方法参考实验十七。

六、结果计算

植株中 Cd（Zn）含量（μg/kg）的计算公式如下：

$$\text{植株 Cd（Zn）含量} = \frac{(\rho-\rho_0)V}{m} \tag{2-19}$$

式中，ρ —— 测定液中 Cd（Zn）的质量浓度，μg/L；

ρ_0 —— 空白试验溶液中 Cd（Zn）的质量浓度，μg/L；

V —— 试样消化液总体积，mL；

m —— 样品质量，g。

土壤中 Cd（Zn）含量（mg/kg）的计算公式如下：

$$\text{土壤 Cd（Zn）含量} = \frac{(\rho-\rho_0)V}{m\cdot k} \tag{2-20}$$

式中，ρ —— 测定液 Cd（Zn）的质量浓度，mg/L；

ρ_0 —— 空白试验溶液中 Cd（Zn）的质量浓度，mg/L；

V —— 测定液体积，mL；

m —— 样品质量，g；

k —— 水分系数。

$$\text{植物重金属累积量} = \text{植物重金属含量} \times \text{植物生物量} \tag{2-21}$$

$$\text{重金属富集系数} = \text{植物体内重金属含量/土壤（或沉积物）中重金属含量} \times 100\% \tag{2-22}$$

$$\text{转运系数} = \text{植物地上部分金属含量/地下部分金属含量（S/R）} \tag{2-23}$$

七、注意事项

（1）硝酸、王水、过氧化氢等均有强腐蚀性，实验全程需佩戴口罩、手套。腐蚀性液体不慎喷溅至皮肤时切勿惊慌，立即用大量清水冲洗，如有不适及时就医。

（2）伴矿景天为 Cd、Zn 超富集植物，植株体内重金属含量极高，取样量可根据实际情况自行决定，试样浓度过高情况下应酌情稀释。

（3）压力消解罐法应注意旋紧外罐，以保持内罐中样品处于封闭加压状态。

（4）湿式消解法操作过程中应缓慢升温，最高温度不应超过 120℃，以防暴沸喷溅。

（5）土壤样品消解过程中，样品与空白酸添加量应保持一致，以防酸中含有的重金属对样品结果产生干扰。

（6）土壤样品完全消解应为灰白色，若为深灰色，则有机物质未消解完全，应再添加高氯酸重新消解土样，高氯酸含量不宜过高，过高将破坏滤纸结构无法过滤。

八、思考题

（1）植物修复技术的优势有哪些？

（2）伴矿景天修复受重金属污染土壤在植物修复中的优势有哪些？

（3）怎样充分利用超富集植物的优势达到最好的修复效果？

（4）哪些技术可以与超富集植物配合，可以取得怎样的结果？

实验三十二　电动力学协同作用对超富集植物 Pb 累积特征的影响

铅（Pb）等重金属生物毒性高，进入土壤环境后不能被降解，只能通过地球化学过程进行迁移、转化、富集和累积等，污染过程具有隐蔽性、滞后性、长期性、积累性、不可逆性和地域差异性，严重危害人类健康、生物多样性和生态系统稳定。农田、城镇等土壤环境和粮食生产安全堪忧，土壤生态系统重金属污染及修复是全球普遍面临的环境问题，开展重金属污染土壤的修复研究意义深远。

电动力学修复（EKR）和植物修复（PR）均是新兴的环境友好型原位土壤修复技术，在不显著改变土壤性质和结构的前提下，以自然的过程去除土壤中的重金属，呈现出可持续、成本适宜和环境友好的特点，受到了广泛关注。但电动力学修复难以直接移除重金属，而植物修复存在一些限制因素（诸如生长缓慢且生物量小、修复周期长、重金属生物有效性低和土壤深层污染修复困难）制约着实际应用。将 PR 和 EKR 有机结合的电动力学辅助植物修复（EKAPR）技术能有效解除这些限制，即在临近植物生长区域的受污染土壤中施加电场，利用电动力学辅助强化植物对土壤污染的修复效果。EKAPR 是一项革新、绿色且有潜力的技术，能够充分发挥电动力学和超富集植物的优势。因此，开展电动力学辅助对 Pb 等重金属超富集植物 Pb 累积特征的影响实验，探究如何通过电动力学协同解决植物修复周期长、根系可达性和对污染物生物有效性分布依赖强等问题，有利于研究 EKR 与 PR 互作效应与机制，丰富 EKAPR 理论体系和推动其技术应用。

一、实验目的

开展电动力学协同作用对超富集植物 Pb 累积特征的影响，使学生：①了解电动力学与植物修复技术，以及两者联合运用的原理；②熟悉电动力学辅助植物修复土壤重金属的试验研究装置组成；③了解电动力学协同作用下不同超富集植物的生长指标变化；④探究电动力学协同作用对超富集植物 Pb 累积特征变化的影响；⑤分析 EKAPR 修复体系对土壤重金属的修复去除效率。

二、实验原理

电动力学修复是向重金属和有机污染物等土壤区域施加电场，在电场作用下通过电迁移、电渗析和电泳来实现污染物在电极附近累积，对累积土壤或电解液中进行集中处理处置，进而除去污染物。电动力学作用过程中发生的电解水、酸/碱反应、氧化还原反应和土壤颗粒表面污染物的吸/脱附等，能够显著影响土壤 pH、土壤孔隙水中污染离子浓度、污染物形态和污染物的溶解/沉淀平衡等。若在临近植物生长区域的受污染土壤中施加电场，上述这些作用必将影响土壤中营养成分的利用、污染物向根部迁移、植物的重金属吸收富集。

三、仪器和设备

量筒（10 mL）、容量瓶（100 mL）、分析天平（万分之一）、筛子（3 mm）、烘箱、电热板、电流表、聚四氟乙烯消解罐或消解瓶（坩埚）、玛瑙研钵（口径 90 mm）、pH 计、普析通用 TAS-990 原子吸收分光光度计、EKAPR 装置（培养室、污染土壤、DC 电源、电极）等。典型 EKAPR 装置见图 2-2，该装置体系一般包括植物及其培养室、受 Pb 污染土壤、DC 电源、电极和必要的农肥洒水灌溉设施等。

四、材料与试剂

材料：Pb 污染土壤、超富集植物（伴矿景天、印度芥菜等）、矩形培养盆（30 cm×30 cm×35 cm）、0.45 μm 滤膜、滤纸。

试剂：分析纯硝酸和盐酸、优级纯高氯酸、1 000 mg/L Pb 标准液。

五、实验步骤

（一）EKAPR 试验装置构建

EKAPR 装置包括 PVC 材料制成的长方形培养室，尺寸（长×宽×高）为 30 cm×30 cm×35 cm（图 2-2），还包括受 Pb 污染土壤、DC 电源（0～100V，0～3 A）、石墨电极板（长×宽×厚=35 cm×30 cm×5 mm）或石墨电极棒（长 15 cm，直径 3 cm）、伴矿景天和洒水灌溉设施等。Pb 污染土壤两侧或中心位置布设阴阳石墨电极，按分区均匀种植伴矿景天，构建得到 EKAPR 实验装置。为研究电动力学等单一或互作土壤 Pb 的空间、形态等再分布特征，EKAPR 培养室平面上将培养室均匀划分为阳极区域（anode）、中部区域（middle）、阴极区域（cathode）3 个区域（图 2-2）。EKAPR 的 DC 电场布设形式为一维平行电场，阴阳极石墨电极板入土深度均为 30 cm。

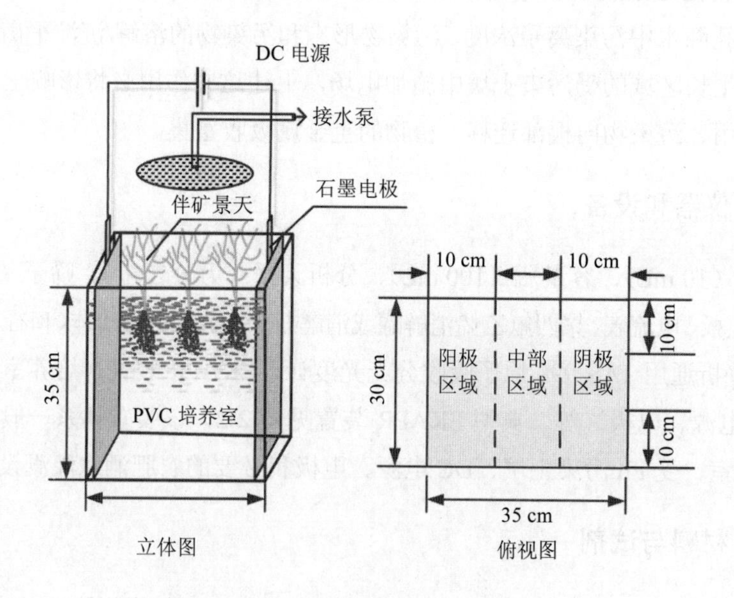

图 2-2 EKAPR 装置及样品采集分区

（二）土样准备

从受 Pb 污染土壤采集土样，混匀后，经过 3 mm 筛去除石块、木屑等大块杂质，以普钙 30 g/m^3、尿素 20 g/m^3、磷酸二氢钾 10 g/m^3 的比例配制底肥，底肥溶解后混匀施用，备用。

（三）EKAPR 盆栽修复实验

设置单一超富集植物（CP）和单一电动力学修复（CE）对照体系和电场强度分别为 0.2 V/cm^3、0.5 V/cm^3、1.0 V/cm^3 梯度的低强度 DC 电场的 EKAPR 体系，分别简化为 C-P、C-E-0.2、C-E-0.5、C-E-1.0、EKAPR-0.2、EKAPR-0.5、EKAPR-1.0，每个实验设置 2 个重复，实验设置详见表 2-11。

表 2-11　EKAPR 盆栽修复实验安排

试验布置	CP	CE	T1	T2	T3	数量
0 V/cm	CP-0	无	无	无	无	2
0.2 V/cm	无	CE -0.2	T1 -0.2	T2-0.2	T3-0.2	8
0.5 V/cm	无	CE -0.5	T1-0.5	T2-0.5	T3-0.5	8
1 V/cm	无	CE-1.0	T1-1.0	T2-1.0	T3-1.0	8
数量	2	6	6	6	6	26

实验时将石墨电极和预处理的受 Pb 污染土壤按需装入 PVC 培养室，经多次洒水浇灌使土壤自然沉实，保证土壤与电极接触紧密。将电极与 DC 电源，低强度平行 DC 电场，施加方案每 7 d 交换一次电场方向。

电流表连接施加电场记录电流，按株距 5 cm 种植超富集植物，温室下连续进行修复培养实验 3～6 个月，采取自控均匀洒水灌溉，控制土壤湿度约田间持水量的 70%，修复 3～6 个月后，收集超富集植物测定地上部分和地下部分植株的 Pb 含量。

（四）样品测定

（1）样品处理：试验结束后，采集土壤和伴矿景天等超富集植物样品，植物样品以去离子水清洗附着土壤等杂质，将植株样品分割为地上和地下两部分，并剪成小块，分别在 70℃烘箱里烘干至恒重；然后将烘干植株样品于玛瑙研钵中研细至 100 目以下，备用；土壤样品同样烘干至恒重，研磨过筛，制成 0.25 mm 土壤样品，待用。

（2）样品消解：使用分析天平称取步骤（1）中预处理土壤、植株样品 2.000 0～5.000 0 g，置于 150 mL 三角瓶中，用少量去离子水润湿样品，在通风橱里，往三角瓶中加 10 mL 王水（盐酸∶硝酸=3∶1），轻轻摇匀，盖上小漏斗，静置 5～10 h，将三角瓶置于电热板上，低温加热至微沸（140～170℃）待棕色氮氧化物基本消失，蒸发至 1～2 mL。沿壁加入 3～6 mL 高氯酸，继续加热（从 140℃到 220℃）消化产生浓白烟挥发大部分高氯酸，三角瓶中呈灰白色糊状，取下冷却，摇动三角瓶。

（3）溶解定容：用去离子水溶解白色糊状物，过滤，将滤液用玻璃棒引流到 100 mL 容量瓶中，用蒸馏水定容至 100 mL。

（4）根据样品中 Pb 含量和仪器的最低检测限，用火焰/石墨炉原子吸收石墨炉分光光度计测定土壤或植株样品中 Pb 的含量。方法参考实验十七和实验十八。

六、结果与计算

按下式计算不同土壤、植株样品中铅含量 C_{m}：

$$C_{\mathrm{m}} = \frac{C \times V}{M} \tag{2-24}$$

式中，C_{m}—— 土壤、植株样品 Pb 含量，mg/kg；

C——定容溶液 Pb 浓度，mg/L；

V—— 定容溶液体积，L；

M—— 土样质量，kg。

同时，计算并比较不同电动力学作用下，超富集植物 Pb 累积特征指标富集系数（BCF）和转运系数的变化（TF）：

$$\mathrm{BCF} = \frac{\text{植株地上部分Pb含量}}{\text{土壤Pb含量}} \tag{2-25}$$

$$\mathrm{TF} = \frac{\text{植株地上部分Pb含量}}{\text{植株根部Pb含量}} \tag{2-26}$$

七、注意事项

（1）为保证实验的代表性，种植植物时应保证植株的均匀性和 EKAPR 装置中其他参数的统一性，防止其他因素导致植物生产差异影响实验结果。

（2）硝酸、王水、高氯酸均有强腐蚀性，实验全程需佩戴口罩、手套。应实时摇动搅拌，或加入止沸剂，防止消解过程中液体飞溅导致危害和增加误差；腐蚀性液体不慎喷溅至皮肤时切勿惊慌，立即用大量清水冲洗，如有不适及时就医。

（3）消解所用浓酸在消解过程中蒸发会产生大量腐蚀性气体，使用高氯酸时有爆炸危险，整个消解过程应在通风橱中进行。

（4）样品体积选择应考虑样品中重金属含量，土壤重金属含量较低时可适度浓缩，反之亦然。

（5）用原子吸收分光光度计测定重金属含量时，标准曲线梯度的设置对测定样品的精度影响很大，应根据样品重金属含量适度选择标样梯度范围，同时设置已知样品校验精度。

八、思考题

（1）电动力学修复和植物修复的不足之处有哪些？

（2）电动力学辅助植物修复的作用机制是什么？

实验三十三　玉米与辣椒间作对根系形态的影响

随着植物根系相关研究和技术的发展，作物地下部分的研究越来越受重视。两种作物间作后，作物的根系在水平和垂直方向的分布会发生变化。当两种作物是竞争关系时，它们会偏向形成庞大或者较长的根系以增加其竞争力，此外，间作后作物的根系形态、根系构型的变化等对营养的吸收有着重要的作用。因此，合理间作可以缓解作物之间对空间和养分的竞争。可利用作物不同品种根系形态的差异来筛选出最适的组合，从而有效提高作物对营养元素的利用率和增加作物可食用部分的营养元素含量。

近年来，多样性种植越来越多地被应用到作物的稳定增产、病害有效控制和重金属污染农业综合修复技术等的生产模式中。玉米是农业生产中常用的经济作物，是世界上分布最广泛的粮食作物之一，种植面积仅次于水稻和小麦。同时，玉米也是农田作物多样性间作系统最常采用的作物，并形成了一定的种植模式，尤其在我国西南山区，利用玉米与其他作物间作是一种确保粮食产量的重要生产方式。玉米与辣椒多样性间作不仅能增加产量，而且能有效控制两种作物的病害。因此实验选用玉米与辣椒作为研究对象，探究玉米与辣椒间作后根系形态的变化。

一、实验目的

通过本实验，锻炼学生的综合实验技能创新与分析能力，使学生掌握植物根系形态的测定方法，比较玉米与辣椒间作与单作相比对根系形态的影响，并对其进行讨论。

二、实验原理

间作指在同一田地上于同一生长期内，分行或分带相间种植两种或两种以上作物的种植方式。虽然植物地上部之间的相互作用不可忽视，但竞争的行为主要产生于地下部分的根系对养分和水分的竞争。根系之间的相互作用是一个复杂的生理生态学过程，在这种过程中，为了适应竞争环境，提高竞争效率，吸收较多的养分和水分，根系表现出明显的可塑性，导致根系生长、根系密度和根系分布产生较大变化。

为研究两种作物不同形态特征的根系间的相互作用及在空间分布上的差异，本实验选用玉米与辣椒间作，通过观察间作与单作的根系形态，比较间作条件对两种作物根长、根表面积、根体积的影响。对田间合理利用玉米与辣椒间作提供理论指导。

三、仪器和设备

培养皿（直径 120 mm）、花盆、筛子（2 mm）、根系扫描仪（EPSON SCAN）。

四、材料与试剂

（一）试验材料

玉米、辣椒种子。

（二）试剂

去离子水、次氯酸钠。

五、实验步骤

（一）催芽、种植

把玉米与辣椒种子用质量分数为 2%的次氯酸钠溶液进行消毒，用无菌水漂洗 3 次后置于培养皿中进行催芽，其间要注意保湿至种子露白。土壤过 2 mm 筛，分别称取 3 kg 置于花盆中，把露白的种子种在装有土壤的花盆中。本实验共设计 4 个处理：辣椒单作（9 株辣椒）、辣椒间作（6 株辣椒+3 株玉米）、玉米单作（9 株玉米）、玉米间作（6 株玉米+3 株辣椒），3 个重复。种植方式如图 2-3 所示。

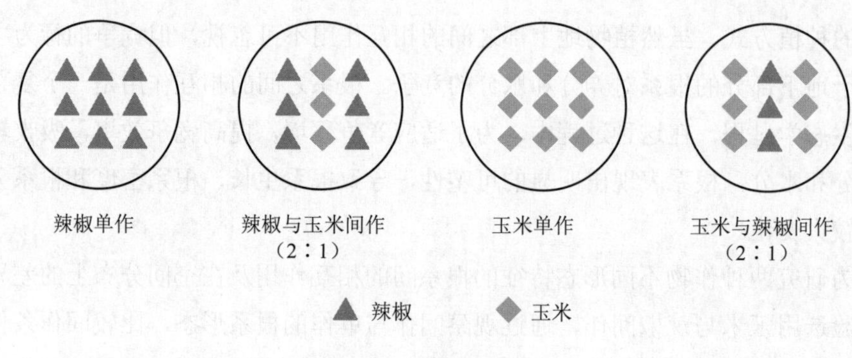

图2-3　植物种植方式

（二）根长、根体积、根表面积的测量

待玉米长至5叶期、辣椒长至5叶期时，把辣椒与玉米从盆中带土取出，在尽量保证根系完好的情况下，用去离子水将根系清洗干净后，置于扫描仪上扫描根系形态。

六、结果计算

将实验结果列入表2-12中。

表2-12　不同种植模式下根系形态特征

	单作		间作	
	玉米	辣椒	辣椒与玉米间作（2∶1）	玉米与辣椒间作（2∶1）
根长/cm				
根表面积/cm^2				
根体积/cm^3				

七、注意事项

（1）选择饱满的玉米和辣椒种子，充分消毒，以免影响发芽和幼苗的生长。

（2）播种时适当增加种子数，待出苗后，进行间苗处理，以保证幼苗大小的一致性。

八、思考题

（1）比较玉米与辣椒间作后根长、根表面积、根体积有什么变化。

（2）分析间作与单作相比根系形态存在差异的原因。

实验三十四　超富集植物与作物间作对重金属吸收的影响

随着矿山开采、金属冶炼、大气沉降、农药化肥的大量使用，以及污水灌溉和填埋处理等人类活动，导致农田土壤重金属复合污染越来越严重。我国受重金属污染的耕地面积近 2 000 万 hm^2，占总耕地面积的 20%左右。污染土壤生产的农产品重金属含量高，影响农产品的产量和品质，进而通过食物链在人类和动物体内蓄积，威胁着人类健康。土壤重金属污染已成为中国乃至全球所面临的严重环境问题，对重金属污染土壤的修复迫在眉睫。

植物修复（phytoremediation）是一种新兴的环境治理技术。它是以植物忍耐和超量富集某种或某些化学元素的理论为基础，利用植物及其根际微生物体系对环境中的污染物进行吸收、降解、挥发及转化，清除受污染土壤中的重金属的一类环境治理技术。

种植模式对植物吸收富集重金属的能力有显著影响。植物种间相互作用（竞争或互惠）的效应和机制是农作物合理间（套）作体系建立的理论基础。间（套）作体系植物的种间根系能够互补利用土壤养分资源，从而提高养分利用效率和提高作物总产量。间作是我国传统的精耕细作的种植方式，利用植物种间互作对重金属吸收积累的影响，从而提高土壤重金属污染修复的效率，是一条有效的新途径。重金属富集植物和作物间作，既能促进富集植物对重金属的吸收，又能减少作物对重金属的积累，在提高修复效率的同时，也降低了农作物的重金属含量。

一、实验目的

本实验利用间作种植技术，以超富集植物续断菊为研究对象，将续断菊和具有不同根系结构特征的植物间作在重金属污染土壤上，研究间作后不同植物和续断菊的生物量和重金属吸收量的变化。使学生了解增加续断菊生物量和重金属吸收总量的间作组合筛选方法；探索种间相互作用对土壤重金属的响应特征及其内在机理，进一步丰富种间关系理论体系。

二、实验原理

在重金属污染土壤的植物修复技术中应用间作模式，具有显著的经济、生态与环境效益。不同作物间作可促进作物对土壤重金属的吸收，针对农产品重金属含量超标的问题，可采用富集植物与作物间作的植物修复模式。在采用富集植物修复重金属污染土壤的同时，不需要停止农业生产，就能降低作物体内重金属含量，获得符合安全质量要求的产品，这对污染农田修复和农业生产安全都具有积极作用。选择适当的植物形成间作复合体系，实现“边修复边生产”，不失为一条土壤修复的新途径。

不同种类的植物对重金属的积累能力差异显著，通常双子叶植物对重金属的吸收能力高于单子叶植物，这可能是由于双子叶植物根系的可塑性更强。同种植物对某些重金属的吸收能力远大于对其他种类重金属的吸收能力，导致植物对不同重金属的吸收特性差异显著。不同的种植方式也对植物吸收重金属有影响。对重金属吸收能力的差异是由植物根系分泌物和酶的种类、数量、功能的差异造成的。同时，不同种类植物的重金属解毒机制的差异以及不同重金属之间对吸收通道的竞争关系，也会对植物吸收重金属的能力造成影响。续断菊是一种 Cd、Pb 超富集植物，也能富集 Zn，具有生物量高、适应性广和可多次收割等优点。

三、仪器和设备

原子吸收分光光度计；空气-乙炔火焰原子化器；Cd 空心阴极灯、Pb 空心阴极灯、Cu 空心阴极灯、Zn 空心阴极灯；间作盆栽试验箱；电热板。

三角瓶、容量瓶（50 mL、100 mL、250 mL、1 000 mL）、移液管（1 mL、5 mL、10 mL）、筛子（0.25 mm）、小漏斗、培养皿、分析天平（万分之一）等。

四、材料与试剂

（一）实验材料

续断菊、大豆、油菜、玉米种子。

（二）试剂

（1）盐酸、硝酸、高氯酸、过氧化氢溶液。

（2）Cd、Pb、Cu、Zn 标准贮备液：1.0 mg/mL。

（3）Cd 标准液：5 μg/mL；Pb 标准液：40 μg/mL；Cu、Zn 标准液：100 μg/mL。

五、实验步骤

（一）种子收集与育苗

在续断菊的种子成熟期（每年 6—7 月），在野外采集续断菊种子，带回实验室保存备用。挑选大小一致且籽粒饱满的种子，用浓度为 10%的过氧化氢溶液表面消毒 10 min，蒸馏水清洗后，使用烤烟型基质和漂盘育苗。待苗长至 5 片真叶时，选择长势良好，大小均一的幼苗移栽开展盆栽实验。大豆、油菜和玉米种子播种前用浓度为 10%的过氧化氢溶液消毒 10 min，然后在培养皿中促芽，发芽后直接播种到土壤中，与续断菊进行间作盆栽实验。

（二）实验设计

矿区采集重金属中轻度污染农田土，盆栽试验箱规格为 100 cm×60 cm×50 cm。分别设续断菊、大豆、油菜和玉米单作，续断菊与大豆、油菜、玉米间作几种种植模式，每个种植模式各设 3 盆，随机放置。单作续断菊留苗 27 株，行距和株距都为 10 cm；单作大豆、油菜和玉米留苗 8 株，间行距为 20 cm；间作实验按 1 行作物间作 2 行续断菊的模式，作物与续断菊行距为 20 cm。续断菊留苗 18 株，作物留苗 4 株，保证与单作续断菊和作物具有相同的密度。每两天浇一次水，浇水量以不产生下渗水为准。60 d 后收获，收获时，将植物分成地上和地下两部分，分别用自来水冲洗后，再用去离子水冲洗干净，晾干后于 105℃杀青 30 min，然后 70℃烘干至恒重，分别测定干物质量。烘干样品用瓷研钵全部粉碎、混匀，过 0.25 mm 筛并装袋备用。同时采用抖土法取植物根际土样带回实验室分析。

（三）土壤和植株样品测定

土样试液的制备：采用分析天平称取 0.500 0 g 土样，置于 250 mL 烧杯中，用少许水润湿，加入 5 mL 王水，盖上小漏斗，放置过夜。在电热板上加热消解至冒大量棕黄色烟，调节电热板温度，待烟雾散尽，加入 2 mL 高氯酸继续消解到冒白烟，改用低温继续消解，待白烟散尽，三角瓶中溶解物剩余 1～2 mL，土壤样品消解为灰白色时，取下冷却，用少许水冲洗小漏斗，过滤后用玻璃棒引流到 50 mL 容量瓶中，用蒸馏水定容。同时进行全程序试剂空白实验。

植物试液的制备：采用分析天平称取 0.500 0 g 植物样品，置于 250 mL 烧杯中，用少许水润湿，加入 5 mL 硝酸，盖上小漏斗。在电热板上加热消解至冒大量棕黄色烟，调节电热板降低温度，待烟雾散尽，加入 2 mL 高氯酸继续消解到冒白烟，改用低温继续消解，待白烟散尽，三角瓶中剩余 1～2 mL 清澈透亮的消解液时取下冷却，用少许水冲洗小漏斗，过滤后用玻璃棒引流到 50 mL 容量瓶中，用蒸馏水定容。同时进行全程序试剂空白实验。

（四）标准曲线的绘制

吸取 Cd、Pb、Cu、Zn 的标准液 0 mL、1.00 mL、3.00 mL、6.00 mL、10.00 mL、20.00 mL 于 6 个 100 mL 容量瓶中，用质量分数为 0.2%的 HNO_3 溶液定容、摇匀。此标准系列分别含 Cd 0 μg/mL、0.05 μg/mL、0.15 μg/mL、0.30 μg/mL、0.5 μg/mL、1.0 μg/mL；含 Pb 0 μg/mL、0.4 μg/mL、1.2 μg/mL、2.4 μg/mL、4.0 μg/mL、8.0 μg/mL；含 Cu、Zn 0 μg/mL、1 μg/mL、3 μg/mL、6 μg/mL、10 μg/mL、20 μg/mL。测其吸光度，用吸光度为纵坐标，浓度为横坐标，绘制标准曲线。

（五）样品测定

按绘制标准曲线条件测定试样溶液的吸光度，扣除全程序空白吸光度，从标准曲线上查得 Cd、Pb、Cu、Zn 含量。

六、结果计算

$$M = \frac{m}{w} \tag{2-27}$$

式中，m—— 从标准曲线上查得 Cd、Pb、Cu、Zn 含量，μg；

w—— 称量土样、植物样干重量，g；

M—— 土样、植物样中 Cd、Pb、Cu、Zn 含量，μg/g。

七、注意事项

（1）土样消化过程中，最后除高氯酸时，必须防止将溶液蒸干，溶液不慎蒸干时 Fe、Al 盐可能形成难溶的氧化物而导致 Cd、Pb、Cu、Zn 结果偏低。注意无水高氯酸会爆炸。

（2）高氯酸的纯度对空白值的影响很大，直接关系到测定结果的准确度，因此必须注意全过程空白值的扣除，并尽量减少加入量以降低空白值。

八、思考题

（1）试分析火焰原子吸收分光光度法测得土壤重金属元素的误差来源有哪些？

（2）何为全程序试剂空白实验？在什么情况下要进行这种实验？

实验三十五　蚯蚓的致死率和回避率对土壤重金属污染的响应

生物监测（biological monitoring）是利用生物体的分子、细胞组织、器官、个体、种群和群落等不同层次对环境的反应阐明或评估环境状况的变化，包括生态监测和生物测试。生态监测（ecological monitoring）是利用生命系统及其相互关系的变化反应做“仪器”来监测环境质量状况及其变化。利用各种技术测定和分析生命系统各层次对自然或人为作用的反应或反馈效应的综合表征，来判断和评价这些干扰对环境产生的影响、危害及其变化规律，为环境质量的评估、调控和环境管理提供科学依据。指示生物是对环境中污染物能产生各种定性或定量反应，而且能够反映污染物量的生物。

生态监测的优势在于能综合地反映环境质量状况，具有连续监测的功能，具有多功能性并且监测灵敏度高。指示生物的症状指标主要是通过肉眼或其他宏观方式可观察到的形态变化。生长指标是各类器官的生长状况观测值。生理生化指标比症状指标和生长指标更敏感和迅速，常在生物未出现可见症状之前就有了生理生化方面的明显改变。行为学指标是指在污染水域的监测中水生生物和鱼类的回避反应（avoidance reaction），是监测水质的一种比较灵敏、简便的方法。重金属污染土壤中动物数量、种类随污染程度的增加而减少，与重金属浓度呈负相关。

土壤重金属也会对蚯蚓的行为和机体产生影响，主要表现在对蚯蚓行为和机体组织的影响以及急性毒性，研究土壤重金属对蚯蚓的毒性效用和蚯蚓在土壤重金属污染治理中的应用具有一定的理论和实践意义。

一、实验目的

通过本实验，使学生了解土壤污染的指示生物特征；掌握作为土壤污染敏感指示生物的蚯蚓对土壤重金属污染的响应和生态特征；熟练使用人工气候箱。

二、实验原理

蚯蚓属于环节动物门寡毛纲（Oligochaeta），是已经存在了 6 亿年的低等古老动物，是土壤中生物量最大的动物类群之一，在维持土壤生态系统功能中起着不可替代的作用。蚯蚓粪具有很好的通气性、排水性和高持水量，能够增加土壤的孔隙度和团聚体数量，同时蚯蚓粪具有很大的表面积，吸附能力较强，能够改变土壤中重金属的生物有效性，同时为许多有益微生物创造良好的生境，具有良好的吸收和保持营养物质的能力，具有一定的修复土壤重金属污染的潜能。

蚯蚓的活动可使土壤疏松，促进植物残枝落叶的降解，促进有机物质的分解和矿化，增加土壤中 Ca、P 等速效成分，促进土壤中硝化细菌的活动，改善土壤的化学成分和物理结构，在促进土壤养分循环与释放中具有重要的作用。随着有毒有害物质进入了土壤生态系统，敏感的蚯蚓种群消失，能够耐受污染物的种群保留下来，导致蚯蚓在密度和群落结构上发生明显的变化。蚯蚓是土壤污染的敏感指示生物，通过观察污染土壤中蚯蚓的行为和生态特征，可以反映土壤污染特征，为土壤动物的保护提供依据。研究污染土壤中的蚯蚓种群数量、回避行为和生长发育特征，用来评价土壤污染对生态系统的生态风险。利用蚯蚓作为指示动物来监测、评价土壤污染，可为保护整个土壤动物区系提供一个相对安全的污染物浓度阈值。蚯蚓及整个土壤动物的种群数量、结构均与土壤污染程度有良好的对应性，其变化情况可以在一定程度上反映土壤生态系统受污染的程度。

蚯蚓对重金属有一定的忍耐和富集能力，蚯蚓对重金属的富集主要是通过被动扩散作用（passive diffusion）和摄食作用（resorption）两种途径，污染物从土壤溶液穿过体表进入蚯蚓体内，或污染物通过吞食进入蚯蚓体内，并在内脏器官内完成吸收作用。有些蚯蚓种类能存活于重金属污染土壤（包括一些金属矿区），并能在体内富集一定量的重金属而不受伤害或受伤害较轻。蚯蚓体内富集的重金属可以在食物链中传递和生物放大。在蚯蚓的忍受范围内，当蚯蚓吸收的重金属积累到一定程度就会通过粪便和分泌物排出；如果蚯蚓吸收的重金属超过了蚯蚓的忍受范围，则蚯蚓中毒。赤子爱胜蚓（*Eisenia foetida*）对重金属很敏感，重金属会严重影响种群的个体数量和生育繁殖，随着重金属污染程度的增加，土壤中蚯蚓数量会迅速减少。

三、仪器和设备

人工气候箱、纱布、塑料盒（3 L）、玻璃板、具塞三角瓶（1 000 mL）。

四、材料与试剂

赤子爱胜蚓、氯化镉、醋酸铅、蒸馏水、马粪。

五、实验步骤

（一）土壤培养实验

设置4个浓度梯度：Cd^{2+}为0 mg/kg、1 mg/kg、10 mg/kg、20 mg/kg；Pb^{2+}为0 mg/kg、100 mg/kg、500 mg/kg、1 000 mg/kg；将氯化镉或醋酸铅用水溶解后拌于10 g土壤中，再与500 g土壤混匀，放入具塞三角瓶中，加入蒸馏水保持含水量35%，在人工气候箱中黑暗条件下平衡1 d后，取10条体长、体质量基本相同的清肠后的蚯蚓放入土壤中培养，用纱布封口并加盖，以保持湿度和空气的通透性，每周加5 g马粪并调节水分。

试验在人工气候箱内进行，气候箱内恒温（20℃），相对湿度80%～85%，光照时间为16 h/8 h（光照/黑暗）。试验7 d、14 d各计数1次，记录死亡数及中毒症状于表2-13内。14 d后结束试验，每个处理浓度设置3个重复及蒸馏水对照组。

（二）回避行为实验

塑料盒中央放置一玻璃隔板，将其分成两部分，在左侧加入空白对照土壤200 g（干质量），右侧加入含有已知浓度Cd或Pb的土壤200 g（干质量），每个浓度设置3个重复，Cd^{2+}为0 mg/kg、1 mg/kg、10 mg/kg、20 mg/kg；Pb^{2+}为0 mg/kg、100 mg/kg、500 mg/kg、1 000 mg/kg。抽去隔板，将10条清肠后的赤子爱胜蚓放入 Cd、Pb 处理侧土壤中，以纱布封顶防止蚯蚓逃出反应容器，48 h 后将隔板插入原位置，阻止蚯蚓进一步逃逸，手动挑出两侧土壤中的蚯蚓，在 48 h 内（试验期间），蚯蚓试验体系温度保持在 20℃，相对湿度 80%～85%，光照时间为 16 h/8 h（光照/黑暗），记录数据至表 2-14 内。

六、结果计算

$$回避率：NR = [(C-T)/N] \times 100\% \tag{2-28}$$

式中，NR —— 净回避率，%；

C —— 洁净土壤中蚯蚓的数目，条；

T —— 污染土壤中蚯蚓数目，条；

N —— 加入土壤中的蚯蚓总数，条。

表 2-13　土壤培养实验记录

时间/d	存活数/个	死亡数/个	症状	LC_{50}（半数致死浓度）
1				
7				
14				

表 2-14　回避行为实验记录

时间/d	洁净土壤中蚯蚓的数目/个	污染土壤中蚯蚓数目/个	回避率/%
1			
7			
14			

七、注意事项

（1）土壤有机质含量对结果具有一定的影响，外源添加的马粪要尽量不含 Cd 和 Pb。

（2）人工气候箱中温度和湿度要维持相对稳定。

（3）纱布封顶要严实，防止蚯蚓逃出反应容器。

（4）实验处理浓度确定前，需要做预实验以确定蚯蚓最大致死浓度。

八、思考题

（1）采用蚯蚓作为指示生物具有什么意义？

（2）除了蚯蚓外，还可以使用什么动物作为土壤污染的指示生物？

实验三十六　土壤中重金属的水平空间分布调查方法

全国土壤污染总体超标率为 16.1%，西南和中南地区土壤重金属污染超标范围较大，从西北到东南、从东北到西南呈现逐渐增加的趋势。由于自然景观、土壤成土过程和气候带的空间连续性，土壤特征的空间异质性、污染源和土地利用类型的不同和频繁的人类干扰，土壤中重金属含量存在显著的空间差异。重金属在土壤中的水平分布主要受到土壤结构因素（土壤母质、土壤质地、地形和土壤类型等）和随机因素（灌溉方式、耕作措施、施肥水平和农药的施用等）的共同影响。一般长期耕作的平原地区农业土壤，其重金属的中、小尺度空间差异小。但外源重金属的迅速增加，可使土壤重金属空间分布特征发生一系列变化。在污水灌溉的情况下，污水中所含的重金属在田间迁移过程中会发生土壤的吸附和就近富集作用，使局部含量增加。污水灌溉方式、土壤质地、土壤类型、农业实践活动和地形等均可形成不同尺度的空间分异。长期高强度的农业生产和农药、化肥的密集施用，使大量的重金属元素在土壤迁移过程中受到土壤的吸附等留存于土壤中，发生较强的地表富集作用，并且由于作物的类型、轮作的方式和土壤质地、地形等原因而形成小尺度空间分异。

地统计学是常见的空间分析方法，适合于对区域化变量空间特征进行描述。区域化变量具有不同于纯随机变量的特殊性质，具有结构性和随机性，地统计学中的半变异函数可用于反映区域化变量的空间变化特征。半变异函数中 C_0 为块金值，反映随机因素引起的变异强度，块金值小，说明实验误差和小于实验取样尺度引起的土壤性质的变异小，反之，表明随机因素引起的变异较大。C_0/（C_0+C）比值为空间相关度，当 C_0/（C_0+C）比值＜25%时，土壤性质主要由空间相关因素引起，变异主要受到系统因素的影响；当 C_0/（C_0+C）比值在 25%～75%时，土壤性质具有中等空间相关性，变异主要受到系统因素和随机因素的共同作用；$C_0/(C_0+C)$ 比值＞75%时，土壤性质空间相关性较弱，变异主要受到随机因素的影响。因此，通过调查土壤中污染物的水平分布，可以为污染源的解析、土壤修复对策的选择和农业生产的合理布局提供基础和依据。

一、实验目的

通过土壤中重金属空间水平分布的调查，使学生了解土壤重金属污染的调查方法、调查点数的计算方法和调查布点方法，为污染源的解析和土壤污染的治理等提供基础数据。

二、实验原理

污染物在水平空间上的分布受到污染物的迁移和土壤特征的影响。污染物在土壤中的水平分布与降尘、污水灌溉、施肥、土壤母质、降雨、污染物的下渗、土壤 pH、土壤有机质含量和污染物固定等因素有关，因此，制定污染物的水平空间分布调查方法时需要考虑其相关的影响因素。

三、仪器和设备

GPS、土钻、铁锹、皮尺、卷尺、土袋、标签、橡皮、铅笔、牛皮纸、木盘、木槌、台秤、镊子、广口瓶（1 L）、土壤筛一套、研钵（口径 90 mm）、纸袋。

四、实验步骤

（一）确定布设原则

（1）不同的土壤类型都要布点。

（2）选择一定数量有代表性的地块作为采样单元，每个采样单元布设一定数量的采样点。

（3）同时选择非污染区同类土壤布设 1 个或几个对照单元采样点。

（4）不同方位上多点采样，混合均匀；或者根据污染位点特征进行单点采样。

（5）污染较重的地区布点需要适当密集。

（二）计算采样点数

基础采样点数 $n=(t^2 \times s^2)/D^2$，n 为应采样点数；t 代表在设定的自由度和概率时的 t 值（由 t 值表查得）；s^2 为方差，从其他研究中预先得之或由公式 $s^2=(R/4)^2$ 求得；R 为采样中可能遇到的全距；D 为期望围绕平均值的变异范围。

（三）确定采样布点方法

确定采样点数以后，根据常见的布点方法进行布点。对角线布点法，适合面积小的污灌区；棋盘形布点法，适合中等面积、土壤不均匀田块，10～20 个点，适用于固体废物污染土壤；蛇形布点法，适合面积大、土壤不均匀田块，15 个点左右，适用于农业污染型土壤；梅花形布点法，适合面积小、污染均匀的土壤，5～10 个点；放射形布点法，适合于大气污染型土壤；网格法，$L=(A/N)^{1/2}$，其中 L 为网格间距；A 为采样单元的面积；N 为采样点数。

（四）确定采样点位置

根据 GPS，确定每个采样位点的位置，记录采样位点的经度、纬度和海拔。

（五）采样方式

混合采样或者单点采样。

五、结果计算

根据每个采样位点的位置信息，记录采样位点的经度、纬度和海拔等，记入表 2-15 内。

表 2-15　采样点位置记录

采样时间：　　　　　　　采样地点：　　　　　　　采样人：

采样点编号	经度	纬度	海拔	环境描述
1				
2				
3				
…				

六、注意事项

（1）采样点数的计算需要查阅相关参考文献，以便确定采样中可能遇到的全距。因此，文献的查阅需要具有一定的代表性。

（2）采样的布点需要充分考虑污染物的分布影响因素。特别是地形和土壤类型的差异。

（3）需要参考地形图、地质图和土壤图进行综合分析，合理布点。

七、思考题

（1）什么因素可能会导致土壤污染物的水平空间分布？

（2）土壤中污染物的空间分布的调查尺度包括哪些？

实验三十七　土壤污染区植物群落结构的调查方法

随着植物群落的形成和演替，植物群落的结构逐渐稳定，群落结构包括物种结构、空间结构、时间结构和营养结构等。物种对环境的适应逐渐增加，植物群落和土壤污染逐渐形成协同进化，体现出一定的群落结构特征和物种多样性水平。

群落的垂直结构，主要指群落分层现象。陆地群落的分层，与光的利用有关。层次（layer）的分化主要取决于植物的生活型，因为不同生活型决定了该种群落处于地面以上的高度和地面以下的深度；陆生群落的成层结构是不同高度的植物或不同生活型的植物在空间上垂直排列的结果。森林群落的林冠层吸收了大部分光辐射，往下光照强度渐减，并依次发展为林冠层、下木层、灌木层、草本层和地被层等层次。成层性是植物群落结构的基本特征之一，也是野外调查植被时首先观察到的特征。一般来讲，温带夏绿阔叶林的地上成层现象最为明显，寒温带针叶林的成层结构简单，热带森林的成层结构最为复杂。

乔木的地上成层结构在林业上称为林相。从林相来看，森林可分为单层林和复层林。植株上的苔藓、地衣等附生植物、藤本植物等，由于很难将它们划分到某一层次中，因此通常将其称为层间植物或层外植物。地下成层性通常分为浅层、中层和深层。一般来说，草原根系的特点是：地下部分较密集，根系多分布在5～10 cm 处；气候干旱，根系也随着加深；丛生禾草根系的总长度较长，而杂草类的根较重，并有耐牧性。

成层现象是群落中各种群之间以及种群与环境之间相互竞争和相互选择的结果。它不仅缓解了植物之间争夺阳光、空间、水分和矿质营养（地下成层）的矛盾，而且由于植物在空间上的成层排列，扩大了植物利用环境的范围，提高了同化功能的强度和效率。成层现象越复杂，即群落结构越复杂，植物对环境利用越充分，提供的有机物质也就越多。群落成层性的复杂程度，也是对生态环境的一种指示。一般在良好的生态条件下，成层构造复杂，在极端的生态条件下，成层结构简单。

群落的水平结构是指群落的配置状况或水平格局。植物群落水平结构的主要特征就是它的镶嵌性（mosaic）。镶嵌性是植物个体在水平方向上分布不均匀造成的，从而形成了许多小群落（microcoense）。小群落的形成是由于环境因子的不均匀性，如小地形和微地形的变化，土壤湿度和盐渍化程度的差异，群落内部环境的不一致，动物活动以及人类的影响等。分布的不均匀性也受到植物种的生物学特性、种间的相互关系以及群落环境的差异等因素的制约。

植物种类组成在空间上的配置构成了群落的垂直结构和水平结构，不同植物种类的生命活动在时间上的差异，导致了时间上的相互配置，形成了群落的时间结构。在某一时期，某些植物种类在群落生命活动中起主要作用；而在另一时期，则是另一些植物种类起主要作用。如在早春开花的植物，在早春来临时开始萌发、开花、结实，到了夏季其生活周期已经结束，而另一些植物种类在夏季则达到生命活动的高峰。所以在一个复杂的群落中，植物生长、发育的异时性会很明显地反映在群落结构的变化上。植物群落的外貌在不同季节是不同的，随着气候季节性交替，群落呈现不同的外貌，称为季相。植物生长期的长短，复杂的物候现象是植物在自然选择过程中适应周期性变化着的生态环境的结果，是生态—生物学特性的具体体现。

一、实验目的

通过本实验，使学生掌握土壤污染区植物群落物种多样性及形态特征的调查方法；掌握野外调查的布点方法和植物群落结构指标的测定方法；熟练掌握植物群落生物多样性特征的分析方法。

二、实验原理

环境污染减少植物群落的物种数，降低物种多样性，导致植物群落结构简单，对污染敏感的植物、动物种群减少或消失。耐性物种成为优势种，物种数减少，群落组成结构单一，物种多样性水平改变。同时，土壤污染影响与植物相关联的微生物群落数量、植物内生微生物的群落组成和功能特征。通过对污染区群落结构和多样性的调查可以了解植被自然恢复的基本规律，也可以对不同植物的抗性和耐性特征进行分析，并且可以筛选和丰富超富集植物资源，为进一步生态修复提供理论和实践基础。

三、仪器和设备

GPS、直尺、钢卷尺、海拔表、地质罗盘、地形图、望远镜、照相机、样方绳、植物名录、记录本。

四、实验步骤

（一）确定取样方法

（1）规则取样法（系统取样法）

①五点取样：适用于调查属性（如生物个体）分布比较均匀的情况，取样样点较少，但取样面积可扩大。

②对角线取样：分为单对角线和双对角线，适用于调查区面积较大时，取样数量较多。

③棋盘式取样：适用于随机分布或聚集分布的核心分布型。

④平行线取样：有平行线式、直行式（条样式），适用于植株呈均匀分布的人工营造林、作物田等。

⑤“Z”字形取样：适用于聚集分布的嵌纹分布型。

（2）不同样地类型取样法

①样方法：以一定面积的样地作为整个研究区域的代表。确定样方的形状、样方面积和样方数目。植被调查时，生长致密的草原样方面积仅需 1 m^2，而稀疏的草原则需 4 m^2 或 16 m^2，森林通常采用 100 m^2。岩面苔藓或地衣，可能只需 100 cm^2。

②样条法：采用一个长方形的条带状样地，或一条线来代表群落种类分布的调查法。样条法有 4 种：样带、样线、隔离样条和层样条。

③点样法：适用于草本群落的调查，主要用来测定群落总盖度、各个种的盖度及频度，并据此计算在群落中的相对重要值。

④无样地法：适用于山地陡峭地段。采用（a）最近个体法，测定随机点到最近个体的距离；（b）最近邻体法，测定随机个体到最近同种个体的距离；（c）随机成对法，测定随机点两边距离最近的两个个体间的距离；（d）中心点四分法，测定中心点到四个象限最近个体的距离。

（二）群落结构和多样性指标调查方法

（1）环境调查

在调查过程中，必须对所要调查的植物或植物群落的周围环境条件进行详细调查和记录，其目的是更好地考察、研究环境与植物或植物群落的关系。一般来说，应该对海拔、坡向、坡度、环境状况、人为干扰、群落类型等做较为详细的调查和记录。将结果记录在表 2-16 和表 2-17 中。

（2）群落的基本特征测定

①乔木样方

用样方绳围起 10 m×10 m 的正方形（3 个）。记录植物的名称、高度、胸径、株数、盖度、物候期、生活力，填入表 2-18 中。

②灌木样方

用样方绳围起 5 m×5 m（3 个）记录的植物名称、高度、冠径、丛径、株丛数、盖度、物候期、生活力，填入表 2-19 中。

③草本样方

用样方绳围起 1 m×1 m（3 个）。记录的植物名称、花序高、叶层高、冠径、丛径、盖度、株丛数，填入表 2-20 中。

④树高和干高的测量

树高指一棵树从平地到树梢的自然高度（弯曲的树干不能沿曲线测量）。通常在做样方的时候，先用简易的测高仪（如魏氏测高仪）实测群落中的一株标准树木，其他各树则估测。估测时均与此标准相比较。

目测树高的两种简易的方法，可任选一种。其一为积累法，即树下站一人，举手为 2 m，然后 2 m、4 m、6 m、8 m，往上积累至树梢；其二为分割法，即测者站在距树远处，把树分割成 1/2、1/4、1/8、1/16，如果分割至 1/16 处为 1.5 m，则 1.5 m×16=24 m，即为此树高度。

干高即为枝下高，是指此树干上最大分枝处的高度，这一高度大致与树冠的下缘接近，干高的估测与树高相同。

⑤胸径和基径的测量

胸径指树木的胸高直径，大约指距地面 1.3 m 处的树干直径。严格的测量要用特别的轮尺（即大卡尺）在树干上交叉测两个数，取其平均值，因为树干有圆有扁，对于扁形的树干要测两个数。在地植物学调查中，一般采用钢卷尺测量，如果碰到扁树干，测后估一个平均数就可以了，但必须要株株实地测量，不能仅在远处望一望，任意估计一个数值。如果碰到一株从根边萌发的大树，一个基干有 3 个萌干，则必须测量 3 个胸径，在记录时又用括弧画在一个植株上。胸径 2.5 cm 以下的小乔木，一般在乔木层调查中都不必测量，应在灌木层中调查。

基径是指树干基部的直径，是计算显著度时必须要用的数据，测量时，也要用轮尺测两个数值后取其平均值。一般用钢卷尺也可以。一般树干直径的测量位置是距地面 30 cm 处。同样必须实测，不要随意估计。

⑥冠幅、冠径和丛径的测量

冠幅指树冠的幅度，专用于乔木调查树木时测量，严格测量时要用皮尺。在树下量树冠投影的长度，然后再测通过树干与长度垂直的树冠投影的宽度。例如，长度为 4 m、宽度为 2 m，则记录下此株树的冠幅为 4 m×2 m。

冠径和丛径均用于灌木层和草本层的调查。冠径，用于不成丛的单株散生的植物种类，测量时以植物种为单位，选测一个平均大小（即中等大小）的植冠直径，如同测胸径一样，记一个数字即可，然后再选一株植冠最大的植株测量直径记下数字。从径指植物成丛生长的植冠直径，在矮小灌木和草本植物中各种丛生的情况较为常见，以丛为单位测量一般丛径和最大丛径。

⑦盖度（总盖度、层盖度、种盖度、个体盖度）的测量

群落总盖度是指一定面积的样地内植物覆盖地面的百分率，包括乔木层、灌木层、草本层、苔藓层的各层植物。总盖度的计算不管重叠部分。如果全部覆盖地面，其总盖度为 100%。草地植被的总盖度可以采用缩放尺实绘于方格纸上，再按方格面积确定盖度百分数。

层盖度指各分层的盖度，乔木层有乔木层的盖度，草本层有草本层的盖度。实测时可用方格纸在林地内勾绘，比估测要准确。

种盖度指各层中每个植物种所有个体的盖度，一般可目测估计。盖度很小的种，可忽略不计，或记小于 1%。

个体盖度即单株植物的盖度，可以直接测量。

由于植物的重叠现象，故个体盖度之和不小于种盖度，种盖度之和不小于层盖度，各层盖度之和不小于总盖度。

⑧频度和相对频度

计算公式如下：

频度 = 某种植物出现的样方数/样方总数×100%　　（2-29）

相对频度是指一个群落中在已算好的各个种的频度的基础上，再进一步求算各个种的频度相对值。其计算公式如下：

相对频度 = 某种植物的频度/全部植物的频度之和×100%　　（2-30）

⑨多优度—群聚度的估测

多优度和群聚度相结合的打分法和记分法是法瑞学派传统的野外工作方法。这是一种主观观测的方法，要有一定的野外经验。该法包括两个等级，即多优度等级和群聚度等级。书写格式为先写多优度，再写群聚度，两者之间用圆点隔开。

多优度等级共 6 级，以盖度为主结合多度。

5：样地内某种植物的盖度在 75%以上者（即 3/4 以上者）；

4：样地内某种植物的盖度在 50%～75%以上者（即 1/2～3/4 者）；

3：样地内某种植物的盖度在 25%～50%者（即 1/4～1/2 者）；

2：样地内某种植物的盖度在 5%～25%者（即 1/20～1/4 者）；

1：样地内某种植物的盖度在 5%以下，或数量尚多者；

＋：样地内某种植物的盖度很小，数量也少。

单株群聚度等级分 5 级，聚生状况与盖度相结合。

5：集成大片，背景化；

4：小群或大块；

3：小片或小块；

2：丛或小簇；

1：个别散生或单生。

因为群聚度等级也有盖度的概念，故在中、高级的等级中，多优度与群聚度常常是一致的，故常出现5·5、4·4、3·3等记号情况，当然也有4·5、3·4等情况，中级以下因个体数量和盖度常有差异，故常出现2·1、2·2、2·3、1·1、1·2、+·+、+·1、+·2的记号情况。

⑩物候期的记录

这是全年连续定时观察的指标，群落物候反映季相和外貌，故在一次性调查之中记录群落中各种植物的物候期仍有意义。在草本群落调查中，则更显得重要。

物候期的划分和记录方法各种各样，有分5个物候期的，如营养期、花蕾期、开花期、结实期、休眠期。也有分6个物候期的，6个物候期的记录如下：

营养期：—— 或者不记；

花蕾期或抽穗期：∨；

开花期或孢子期：O（可再分：初花 ⊃；盛花O：末花⊂）；

结果期或结实期：+（可再分：初果⊥；盛果+；末果丅）；

落果期、落叶期或枯黄期：～～～～（常绿落果～～）；

休眠期或枯死期：∧（一年生枯死者可记×）。

如果某植物同时处于花蕾期、开花期、结实期，则选取一定面积，估计其一物候期达50%以上者记之，其他物候期记在括号里，例如，开花期达50%以上，又存在花蕾期和结果期，记为O（V，+）。

⑪生活力的记录

生活力又称生活强度或茂盛度。这也是全年连续定时记录的指标。一次性调查中只记录该种植物当时的生活力强弱，主要反映生态上的适应和竞争能力，不包括因物候原因而生活力变化者。

生活力一般分为3级：

强（或盛）：●（营养生长良好，繁殖能力强，在群落中生长势很好）；

中：不记（中等或正常的生活力，即具有营养和繁殖能力，生长势一般）；

弱（或衰）：○（营养生长不良，繁殖很差或不能繁殖，生长势很不好）。

（三）植物和土壤采样

根据优势种、采集优势种植物的叶片（乔木或灌木）或者全株（草本植物），并采集根区周围土壤，获得植物—土壤样品对。

（四）污染物含量的测定

根据土壤污染的特点，分别分析植物和土壤中相应污染物的含量。

五、结果计算

（1）辛普森指数（Simpson’s diversity index）

$$D = 1-\sum P_i^2 \quad (2\text{-}31)$$

式中，$P_i = n_i/N$ —— 第 i 种的个体数占所有物种个体总数的比例；

N —— 所有物种个体总数；

n_i —— 第 i 种的个体数。

（2）香农-威纳指数（Shannon-Wiener index）

$$H = -\sum P_i \ln P_i \quad (2\text{-}32)$$

式中，$P_i = n_i/N$ —— 第 i 种的个体数占所有物种个体总数的比例；

N —— 所有物种个体总数；

n_i —— 第 i 种的个体数。

（3）Pielou 均匀度指数

$$E_{pi} = H'/H'_{\max} \quad (2\text{-}33)$$

式中，H' —— 香农-威纳指数；

$H'_{\max}=\ln S$ —— 最大香农-威纳指数；

S —— 物种数。

（4）Whittaker 指数

$$\beta_w = S/m_a-1 \quad (2\text{-}34)$$

式中，S——物种数；

m_a——各样方中平均物种数。

（5）Cody 指数

$$\beta_c = [g(H) + l(H)]/2 \tag{2-35}$$

式中，g（H）——沿生境梯度 H 增加的物种数；

l（H）——沿生境梯度 H 减少的物种数。

（6）Wilson Shmida 指数

$$\beta_T = [g(H) + l(H)]/2S \tag{2-36}$$

式中，g（H）——沿生境梯度 H 增加的物种数；

l（H）——沿生境梯度 H 减少的物种数；

S——物种数。

表 2-16　植物群落野外样地记录

<table>
<tr><td>群落名称</td><td colspan="5"></td><td colspan="2">野外编号</td><td colspan="2"></td></tr>
<tr><td>记录者</td><td colspan="2"></td><td>日期</td><td colspan="2"></td><td colspan="2">室内编号</td><td colspan="2"></td></tr>
<tr><td>样地面积</td><td></td><td>地点</td><td colspan="7"></td></tr>
<tr><td>海拔高度</td><td></td><td>坡向</td><td></td><td>坡度</td><td colspan="5"></td></tr>
<tr><td>群落高</td><td></td><td>总盖度</td><td colspan="7"></td></tr>
<tr><td>主要层+优势种</td><td colspan="9"></td></tr>
<tr><td>群落外貌特点</td><td colspan="9"></td></tr>
<tr><td>小地形及样地周围环境</td><td colspan="9"></td></tr>
<tr><td rowspan="4">分层及分层特点</td><td>层</td><td colspan="2"></td><td>高度</td><td colspan="2"></td><td>层盖度</td><td colspan="2"></td></tr>
<tr><td>层</td><td colspan="2"></td><td>高度</td><td colspan="2"></td><td>层盖度</td><td colspan="2"></td></tr>
<tr><td>层</td><td colspan="2"></td><td>高度</td><td colspan="2"></td><td>层盖度</td><td colspan="2"></td></tr>
<tr><td>层</td><td colspan="2"></td><td>高度</td><td colspan="2"></td><td>层盖度</td><td colspan="2"></td></tr>
<tr><td>突出的生态现象</td><td colspan="9"></td></tr>
<tr><td>地被物情况</td><td colspan="9"></td></tr>
<tr><td>人为影响方式和程度</td><td colspan="9"></td></tr>
<tr><td>群落动态</td><td colspan="9"></td></tr>
</table>

表 2-17 植物群落野外样地记录

群落名称 ________________样地面积____________野外编号________第____页

层次名称______层高度_______层盖度_________调查时间 __________ 记录者________

编号	植物名称	多优度-群集度	高度/m		粗度/cm	
			一般	最高	一般	最高

表 2-18 乔木层野外样方调查

群落名称 ________________样地面积__________野外编号________第______页

层次名称________层高度______层盖度_________调查时间 __________ 记录者________

编号	植物名称	高度/m	胸径/m	株数/株	盖度/%	物候期	生活力	附记
1								
2								
3								

表 2-19 灌木层野外样方调查

群落名称 __________________样地面积__________野外编号_______第_____页

层次名称_______层高度________层盖度_________调查时间 __________ 记录者________

编号	植物名称	高度/m		冠径/m		丛径/m		株丛数/株	盖度/%	物候期	生活力	附记
		一般	高	一般	大	一般	大					

表 2-20　草本层野外样方调查

群落名称 ______________________样地面积__________野外编号________第_____页

层次名称__________层高度__________层盖度__________调查时间______________记录者________

编号	植物名称	花序高/m		叶层高/m		冠径/cm		丛径/cm		株丛数/株	盖度/%
		一般	高	一般	高	一般	大	一般	大		

六、注意事项

（1）植物群落结构与土壤污染程度之间具有较大关联，确定调查位点时需要考虑污染水平和程度。

（2）群落调查过程中，需要同时对土壤进行采样，以对应分析群落结构对土壤污染的响应。

七、思考题

（1）为什么土壤污染会对植物群落的结构和多样性产生影响？

（2）自然植被恢复和人工生态恢复过程有什么异同？

实验三十八　玉米根际土壤拮抗细菌的分离与筛选

土壤微生物是生活在土壤中的细菌、真菌、放线菌、藻类的总称，具有分布广、数量大、种类多的特点，在土壤有机质分解、养分循环和生态系统稳定中起着关键作用。土壤微生物的群体中存在着能引起植物病害的病原菌，也存在着能促进植物生长、增强植物对矿质营养的吸收和利用，并能抑制有害生物的有益菌（PGPR 菌）。目前已经鉴定出的 PGPR 菌包括 20 多个种属，如假单胞菌属、根瘤菌属、芽孢杆菌属等，在病害生物防治中研究较多的是芽孢杆菌属和假单胞菌属。PGPR 菌促进作物生长是通过一种或多种作用机制来直接或间接实现的。一方面可以通过其固氮、溶磷、解钾的作用转化土壤中的矿物质为可吸收利用的营养元素被植物吸收利用，以及产生植物生长调节剂来直接促进作物的生长；另一方面还可通过产生抗菌物质、营养和空间位点的竞争，诱导作物产生系统抗性、改良土壤等作用减轻作物病害，间接促进作物的生长。

土壤中存在着丰富的有益微生物资源，在帮助植物抗病促生、联合固氮、解钾、降解植株内的农药残留和抵御重金属胁迫方面都具有显著的效果。因此，从土壤中分离筛选 PGPR 菌尤其是对植物土传病害具有拮抗活性的菌株，可以丰富生防菌资源，为植物病害的生态防治提供重要支撑。

一、实验目的

通过本实验，锻炼学生的综合实验技能，使学生掌握常用的土壤微生物分离纯化基本操作技术和根际土壤拮抗微生物的筛选方法，综合培养学生的创新与分析能力。

二、实验原理

土壤微生物是陆地生态系统的主要活性组分，在土壤有机质分解、养分循环和生态系统稳定中起着关键作用，对农业生产和环境保护有着不可忽视的影响。土壤中的细菌群落是土壤微生物中数量最多、分布最广且多样性最丰富的类群之一。

植物土传病害是发生在植物根部或茎部以土壤为媒介进行传播的病害的统称，包括根腐病、枯萎病、猝倒病、立枯病、疫病、黄萎病等。土传病害危害严重，防治困难，已经成为严重制约我国农业生产的主要问题。目前土传病害的防治多以农药灌根为主，但是农药灌根防治效果不好且对环境污染严重，因此亟须寻找一种安全高效的土传病害防治方法。土壤中拮抗细菌的筛选，可以利用拮抗细菌与特定的病原菌竞争营养和空间等方式以减少根部病害的发生，从而减少化学农药的使用，有利于实现农业的可持续发展。

为了明确玉米根际细菌对土传病原菌——镰刀菌的拮抗作用，本实验通过分离玉米根际土壤细菌，纯化后培养观察细菌菌落与镰刀菌间的拮抗作用，比较不同根际细菌对镰刀菌的抑菌活性差异。

三、仪器与设备

无菌超净台、天平（0.001、0.000 1）、恒温培养箱、无菌水、移液枪、涂布棒、酒精灯、接种针、离心管（100 mL）、培养皿（直径 120 mm）。

四、材料和试剂

玉米根际土、PDA 培养基、NA 培养基、茄腐镰刀菌。

五、实验步骤

（一）培养基的制作

PDA 培养基：使用天平称取 200.000 g 马铃薯，洗净去皮切碎，加水 1 000 mL 煮沸 30 min，3 层纱布过滤，再加 20 g 葡萄糖和 15.000～20.000 g 琼脂，充分溶解后，加水定容至 1 000 mL，分装后灭菌备用。

NA 培养基：使用天平称取 10.000 g 蛋白胨、3.000 g 牛肉膏、5.000 g 氯化钠、18.000 g 琼脂粉，充分溶解后，加水定容至 1 000 mL，分装后灭菌备用。

（二）制备样品稀释液

待玉米长至 5 叶期，将植株从土中小心拔出，用毛笔刷取黏附在玉米根上的土壤即为根际土。使用天平准确称取待测土样 10.000 0 g 于无菌离心管中，再加入 90 mL 无菌水，置摇床上振荡 20 min，使微生物细胞分散，静置 20～30 s，即成 10^{-1} 稀释液；再用移液枪吸取 10^{-1} 稀释液 1 mL 移入装有 9 mL 无菌水的离心管中，让菌液混合均匀，即成 10^{-2} 稀释液；以此类推，一定要每次更换枪头，连续稀释，制成 10^{-3}、10^{-4} 等一系列稀释度的菌液，供土壤微生物分离用。

（三）玉米根际细菌的分离

将无菌 NA 培养基平板编上 10^{-2}、10^{-3}、10^{-4} 号码，每一稀释梯度设置 4 个重复，用移液枪按无菌操作要求吸取 10^{-4} 稀释液各 0.1 mL 放入编号 10^{-4} 的 4 个平板中，用同样的方法吸取 10^{-3} 稀释液各 0.1 mL 放入编号 10^{-3} 的 4 个平板中，再吸取 10^{-2} 稀释液各 0.1 mL，放入编号为 10^{-2} 的 4 个平板中（低浓度向高浓度时，不必更换枪头），然后用涂布铲涂抹均匀，28℃黑暗培养 2～3 d，至长出菌落后计数至表 2-21。

（四）细菌菌株的纯化

选择菌落分布均匀的平板，从中随机挑选 3～4 个形态不同的细菌菌落，用接种环蘸取少许，在新的培养基平板上采用“连续划线法”对菌株进行纯化。观察结果计入表 2-22 内。

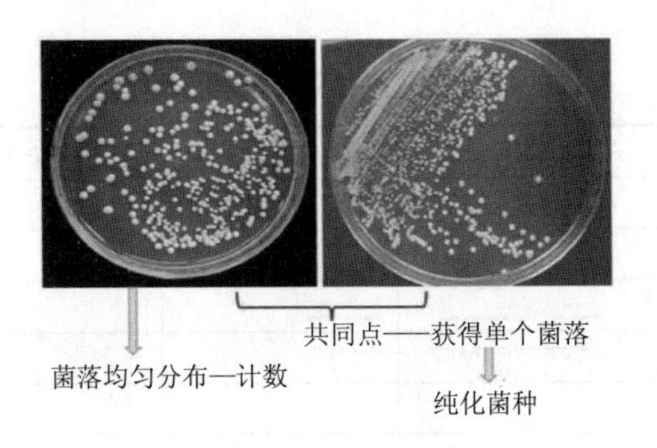

图 2-4　连续划线法

（五）玉米根际拮抗细菌的筛选

镰刀菌的活化：将茄腐镰刀菌接种于 PDA 培养基平板上，置于 25℃培养箱中培养 4 d 后备用。用打孔器在镰刀菌平板上打取直径为 5 mm 的菌饼，将菌饼接种于 PDA 培养基平板中央，在与其相距 2～3 cm 的周围分别放置 4 个相同的细菌单菌落，置于 28℃恒温箱培养 5 d 后观察是否出现抑菌圈，根据抑菌圈的大小筛选出具有生防潜力的细菌菌株，并计算其抑菌率。

抑菌率（%）=［（对照菌落半径 – 对峙培养菌落半径）/ 对照菌落半径］×100%　　（2-37）

六、结果计算

（一）细菌计数实验结果记录

表 2-21　细菌计数结果记录

平板编号	平板 1	平板 2	平板 3	平板 1	平板 2	平板 3
稀释倍数		10^{-3}			10^{-4}	
每个平板菌落数						
1 g 土壤中菌落平均数						

（二）细菌分离实验结果记录

表 2-22　细菌分离结果记录

菌落描述	菌株 1	菌株 2	菌株 3	菌株 4
直径/mm				
形态				
边缘				
表面				
干/湿性				
颜色				

（三）计算抑菌率

根据式（2-37）计算4个菌株对镰刀菌的抑菌率。

七、注意事项

（1）严格灭菌操作，防止污染对结果的影响。

（2）采用“连续划线法”分离纯化细菌时，每次都要将接种环上多余的细菌菌体烧掉。

八、思考题

（1）分析实验中有哪些因素会影响根际土壤细菌的分离结果。

（2）采用“连续划线法”分离纯化细菌时，为什么每次都要将接种环上多余的细菌菌体烧掉？划线为什么不能重叠？

实验三十九 土壤-植物系统中阿特拉津的测定

农药包括杀虫剂、杀菌剂、除草剂和植物生长调节剂。自农药生产使用以来，农药在防治农作物的病、虫、草害和保证高产方面起着极为重要的作用，对农业生产具有巨大贡献。特别是除草剂的使用，极大地降低了劳动强度，直接或间接地提高了农业的生产水平。但由于人们长期大量使用毒性高、残留量大的农药，使土壤、地下水和大气被农药污染的程度越来越严重，在土壤、食品和饮用水中不断检测到农药的残留，从而造成对土壤环境、农作物、人、畜的危害。目前土壤农药污染已是一个全球性问题。同时，残留在土壤中的农药一部分会不断被植物吸收利用，导致蔬菜、水果、粮食作物等农药含量超标，对食品安全与农业可持续发展具有潜在的威胁，并进一步威胁到人类健康。

阿特拉津（Atrazine）又名莠去津，化学名为“2-氯-4-乙氨基-6-异丙氨基-1,3,5-三嗪”，是均三氮苯类除草剂，适用于玉米地、高粱地、茶园和果园等，可防除一年生禾本科杂草和阔叶杂草，对某些多年生杂草也有一定的抑制作用。阿特拉津对杂草有很强的杀伤力，但其残效期较长，对后茬农作物有隐性毒害作用，所以施用阿特拉津的田块下茬不能种植蔬菜、豆类、花生等双子叶、阔叶类作物，残留量大的地块三四年内无法缓解土壤中的含量。阿特拉津还具有生物毒性。阿特拉津可能对被其污染地区的水生动植物、两栖类动物、哺乳动物都有不同程度的伤害。阿特拉津可诱导睾酮转化为雌激素，还会导致鱼的生理功能紊乱，通过改变卵母细胞的成熟，降低鱼类的繁殖能力，使鱼的产卵量减少。阿特拉津可造成哺乳动物的繁殖异常，如减少睾酮的分泌、改变性成熟时间，降低体内雄激素的含量、提高雌激素的含量等。研究表明，阿特拉津可能使人体致癌，长期接触阿特拉津会导致动物卵巢癌和乳腺癌的发生，干扰内分泌平衡，对生物体的内分泌系统产生破坏，引起一系列病症，甚至引发癌症。

阿特拉津是甘蔗田最主要的化学除草剂。阿特拉津的大量施用可能导致其在农田土壤及农作物中大量残留，具有潜在的生态威胁。因此，检查阿特拉津在土壤、植物中的残留，具有重要的现实意义。

一、实验目的

通过测定土壤和作物样品中阿特拉津残留量，使学生了解气相色谱的工作原理和使用方法，了解阿特拉津在土壤和农作物中的残留可能产生的环境风险和危害。

二、方法原理

阿特拉津在土壤和植物样品中残留量的测定，常采用具备 ECD 或 NPD 检测器的气相色谱检测，首先需要对样品提取和净化。样品提取常采用振荡法；样品提取后，采取液液萃取或者小柱净化；净化后的样品经进一步浓缩，再用于气相色谱测定。

三、仪器和设备

气相色谱仪（带 ECD 或 NPD 检测器、DB-1701 毛细管柱）、旋转蒸发仪、KD 浓缩器、高速组织捣碎机、分析天平（万分之一）、减压抽滤装置、具塞锥形瓶（500 mL）、烧杯（100 mL）、三角瓶（150 mL）、容量瓶（1 mL、250 mL）、布氏漏斗、分液漏斗（500 mL）、圆底烧瓶（100 mL）、移液管（10 mL）、不锈钢刀、层析柱、筛子（1 mm）等。

四、材料与试剂

土壤、植物样品。

氯化钠、无水硫酸钠、硅镁吸附剂、丙酮、三氯甲烷、甲醇、二氯甲烷、石油醚、乙腈、乙醚、己烷、阿特拉津标准品、脱脂棉等。

五、实验步骤

（一）土壤中阿特拉津的测定

土壤样品的制备：从长期种植甘蔗的农田采集的土壤样品，用四分法缩分到

1～2 kg，带回实验室，风干磨碎后过 1 mm 筛待用。

土壤阿特拉津检测的前处理：采用分析天平准确称取土样 20.000 0 g 置于 500 mL 具塞锥形瓶中，加水 20 mL，摇匀后静置 10 min，加 100 mL 含 20%水的丙酮浸泡 8 h，振荡 1 h，将提取液倒入铺有 2 层滤纸的布氏漏斗减压抽滤。取滤液 80 mL（相当于 2/3 样品）移入 500 mL 分液漏斗中，加入 10.000 0 g 氯化钠，分 3 次加入 60 mL 三氯甲烷萃取，每次振荡 2 min，静置分层后，分离出下层有机相，最后合并三氯甲烷相，用无水硫酸钠脱水，然后用旋转蒸发器浓缩至 5 mL，再用 K-D 浓缩器浓缩至近干，将浓缩液用玻璃棒引流到 1 mL 容量瓶中，用丙酮定容至 1 mL，供气相色谱分析用。

气相色谱测定：气相色谱仪为 Agilent 7890（带 ECD 或 NPD 检测器、DB-1701 毛细管柱，0.25 mm×30 m）；气相色谱条件为：柱温采用程序升温，150℃保持 2 min，15℃/min 升至 270℃，保持 10 min；N_2 流速为 5.0 mL/min；检测器温度为 300℃；进样器温度为 250℃；进样量为 1 μL。标准曲线法定量。

阿特拉津标准使用液：用丙酮逐级稀释成 0.0 μg/mL、2.0 μg/mL、4.0 μg/mL、6.0 μg/mL、8.0 μg/mL、10.0 μg/mL、12.0 μg/mL 阿特拉津标准系列，在上述气相色谱测试条件下，自动进样 1 μL 标准溶液注入气相色谱仪，每个样重复测定 3 次，以标准溶液的浓度为横坐标，以色谱峰面积平均值为纵坐标，绘制标准曲线。阿特拉津标准液为 100 mg/L（丙酮作溶剂）。

土样中阿特拉津回收率，采用向对照土壤样品加入 3 个不同浓度水平的阿特拉津标准溶液进行测定。

（二）植物中阿特拉津的测定

样品处理：采集甘蔗地的植物样品（甘蔗或杂草），除去表层污染物并洗净晾干，用不锈钢刀切细后，称取 50.000 0 g 于高速组织捣碎机中，加入 100 mL 甲醇水（1+1）匀浆 0.5 min，用铺有 200 目尼龙丝网的布氏漏斗抽滤，残渣用 100 mL 甲醇水（1+1）洗涤 3～4 次抽滤，弃掉残渣。滤液再经滤纸过滤后转入 250 mL 容量瓶中，用少量甲醇水（1+1）洗涤漏斗和抽滤瓶，合并滤液和洗涤液，用甲醇水（1+1）定容至 250 mL。取 50 mL 滤液（相当于 10.000 0 g 样品）于 250 mL 分液漏斗中，加入 50 mL 饱和氯化钠溶液和 50 mL 蒸馏水，用二氯甲烷-石油醚

（3.5+6.5）混合溶剂振摇提取 3 次，每次用混合溶剂 20 mL，振摇 1 min，合并上层二氯甲烷-石油醚提取液。若有乳化层，再加入 20 mL 饱和氯化钠溶液振摇，待静置分层后，弃掉下层氯化钠溶液。提取液经盛有 10 g 无水硫酸钠的漏斗，滤入 100 mL 圆底烧瓶中，用少量二氯甲烷分数次洗涤漏斗及其内容物，洗液并入滤液。于（60±1）℃恒温水浴上减压蒸去大部分溶剂。

石油醚—乙腈分配：用 30 mL 石油醚分数次洗涤装有提取物的圆底烧瓶后转入 125 mL 分液漏斗中，再用 20 mL 石油醚饱和的乙腈洗圆底烧瓶 2～3 次后转入该分液漏斗中，振摇提取 1 min，静止分层，将下层乙腈转入另一 100 mL 圆底烧瓶内，再用 20 mL 石油醚饱和的乙腈提取石油醚层 1 次，振摇 1 min。合并乙腈层，于（60±1）℃恒温水浴上减压蒸去大部分溶剂。用 10 mL 石油醚溶解残留物，供柱层析用。

柱层析：将少许经丙酮浸泡并挥发干的脱脂棉装入内径 2 cm 的层析柱底部，再装 2 g 无水硫酸钠，5 g 硅镁吸附剂，2 g 无水硫酸钠，用 20 mL 石油醚浸湿，将提取液小心转入层析柱内。用 80 mL 乙醚—石油醚（1+2）淋洗，淋洗液分数次洗涤有残留物的圆底烧瓶后，再转入层析柱中，洗脱速度 1.0 mL/min。收集洗脱液，于（60±1）℃恒温水浴上减压蒸去溶剂。用 2 mL 己烷溶解残留物，待用。

色谱条件及标准曲线绘制与土壤中阿特拉津的测定相同。

甘蔗中阿特拉津的回收率：取甘蔗样品加入 3 种不同浓度水平的阿特拉津标准溶液进行测定。

六、结果计算

样品残留量（mg/kg）= 标准曲线计算得到的含量（mg/L）×
样品体积（mL）/样品干重（g）　　（2-38）

七、注意事项

本实验阿特拉津的残留分析可分为土壤样品和植物样品。分析有前处理（分离和富集）和上机测定（仪器分析）两个步骤。

（一）分离和富集

分离提取的时间和提取剂的用量对提取效果具有明显的影响，注意保证加入足够量的提取剂，以及提取时间；蒸发浓缩的温度对阿特拉津的损失会造成一定的影响，注意在使用旋转蒸发器和K-D浓缩器浓缩时，温度不能过高，以免造成阿特拉津的损失，使测定结果偏低。

（二）气相色谱测定

气相色谱的检测器对阿特拉津的响应敏感度不同，其中NPD检测器的敏感性最高，尽量选用带NPD检测器的气相色谱；气相色谱条件对样品的分离度影响较大，色谱柱型号、使用时间的长短、柱温高低、载气流速、程序升温过程等对样品分离度均会产生影响，色谱条件只能在实验过程中针对不同的仪器不断调整和摸索。

八、思考题

（1）气相色谱法分离测定有机农药的原理是什么？

（2）如何提高土壤、植物样品中农药的提取率和消除测定干扰？

参考文献

Cai Z P，Doren J V，Fang Z Q，et al，2015. Improvement in electrokinetic remediation of Pb-contaminated soil near lead acid battery factory [J]. Transactions of Nonferrous Metals Society of China，25（9）.

Chaiyarat R，Suebsima R，Putwattana N，et al，2011. Effects of soil amendments on growth and metal uptake by ocimum gratissimum，grown in Cd/Zn-contaminated Soil [J]. Water，Air & Soil Pollution，214（1-4）.

Chaney R L，Malik M，Yin M L，et al，1997. Phytoremediation of soil metals [J]. Current Opinion in Biotechnology，8（3）：279-284.

Dam N M V，Heil M，2011. Multitrophic interactions below and above ground：en route to the next level [J]. Journal of Ecology，99（1）.

Ebbs S D，Lasat M M，Brady D J，1997. Phytoextraction of cadmium and zinc from a contaminated soil [J]. Journal of Environmental Quality，26（5）.

Forte J，Mutiti S，2017. Phytoremediation potential of helianthus annuus and hydrangea paniculata in copper and lead-contaminated soil [J]. Water，Air，& Soil Pollution，228（2）.

Fransen B，Blijjenberg J，Kroon H D，1999. Root morphological and physiological plasticity of perennial grass species and the exploitation of spatial and temporal heterogeneous nutrient patches [J]. Plant and Soil，211（2）.

Gor A G，Armine S M，Lusine R H，et al，2016. Environmental Risk Assessment of Heavy Metal Pollution in Armenian River Ecosystems：Case Study of Lake Sevan and Debed River Catchment Basins [J]. Polish Journal of Environment Study，25（6）.

Hayes T B，Khoury V，Narayan A，et al，2010. Atrazine induces complete feminization and chemical castration in male African clawed frogs（*Xenopus laevis*） [J]. Proceedings of the National

Academy of Sciences of the United States of America，107（10）.

Isabella B，Ines H，Michael R，2004. Determination of total organic carbon—an overview of current methods[J]. Trends in Analytical Chemistry，23（10）.

Islam E，Yang X E，Li T Q，et al，2007. Effect of Pb toxicity on root morphyology，physiology and ultrastructure in the two ecotypes of Elsholtzia argyi [J]. Journal of Hazardous Materials，147（3）.

Janouskova M，Pavlikova D，2010. Cadmium immobilization in the rhizosphere of arbuscular mycorrhizal plants by the fungal extraradical mycelium [J]. Plant and Soil，332（1-2）.

Jiang X，Wang C，2008. Zinc distribution and zinc-binding forms in Phragmites australis under zinc pollution [J]. Journal of Plant Physiology，165（7）.

Kibria M G，Osman K T，Ahammad M J，et al，2011. Effects of farm yard manure and lime on cadmium uptake by rice growth in two contaminated soils of Chittagong [J]. Journal of Agricultural Science and Technology，5（3）.

Kroon H D，Hendriks M，Ruijven J V，et al，2012. Root responses to nutrients and soil biota：drivers of species coexistence and ecosystem productivity [J]. Journal of Ecology，100（1）.

Li D，Tan X Y，Wu X D，et al，2014. Effects of electrolyte characteristics on soil conductivity and current in electrokinetic remediation of lead-contaminated soil [J]. Separation and Purification Technology，135.

Liu J P，2017. Causes and Legislative Countermeasures of Rural Soil Heavy Metal Pollution in Hunan Province，China [J]. Nature Environment and Pollution Technology，16（1）.

Lozano E R，Hemandez L E，Bonay P，1997. Distribution of cadmium in shoot and root tissues of maize and pea plant：Physiological disturbances [J]. Journal of Experimental Botany，48（306）.

Mahbuboor R C，Mohammads I，Zaki U A，et al，2016. Phytoremediation of heavy metal contaminated buriganga riverbed sediment by Indian mustard and marigold plants [J]. Environmental Progress & Sustainable Energy，35（1）.

Ng Y S，Gupta B S，Hashim M A，2015. Effects of operating parameters on the performance of washing-electrokinetic two stage process as soil remediation method for lead removal [J]. Separation and Purification Technology，156.

Ng Y S，Gupta B S，Hashim M A，2016. Remediation of Pb/Cr co-contaminated soil using electrokinetic process and approaching electrode technique[J]. Environmental Science and Pollution Research，23（1）.

Reddy K R，Cameselle C，2009. Electrochemical Remediation Technologies for Polluted Soils，Sediments and Groundwater [M]. John Wiley & Sons，Inc: 2009-08-12.

Mummey R D L，2006. Mycorrhizas and soil structure [J]. New Phytologist，171（1）：41-53.

Say R，Denizli A，Arica M Y，2001. Biosorpyion of cadmium II，lead II and copper II with the filamentous fungus Phanerochaete chrysosporium [J]. Bioresource Technology，76（1）.

Scharte J，Schon H，Tjaden Z，et al，2009. Isoenzyme replacement of glucose-6-phosphate dehydrogenase in the cytosol improves stress tolerance in plants [J]. Proceedings of the National Academy of Sciences of the United States of America，106（19）.

Schenk H J，2006. Root competition：beyond resource depletion [J]. Journal of Ecology，94（4）.

Seth C S，Remans T，Keunen E，et al，2012. Phytoextraction of toxic metals：A central role for glutathione [J]. Plant，Cell & Environment，35（2）.

Shaw K. 1958. Studies on nitrogen and carbon transformations in soil[D]. University of London.

Simard S W，Beiler K J，Bingham M A，et al，2012. Mycorrhizal networks：mechanisms，ecology and modelling [J]. Fungal Biology Reviews，26（1）.

Smith S E，Read D J，1997. Mycorrhizal Symbiosis [M]. USA：Academic Press，Elsevier Ltd，Oxford .

Tan W N，Li Z A，Qiu J，et al，2011. Lime and phosphate could reduce cadmium uptake by five vegetables commonly grown in south China [J]. Pedosphere，21（2）：223-229.

Tillit D E，Papoulias D M，Whyte J J，et al，2010. Atrazine reduces reproduction in fathead minnow（*Pimephales promelas*）[J]. Aquatic Toxicology，99（2）.

Torkzaban S，Bradfordr S A，Vanderzalm J L，et al，2015. Colloid release and clogging in porous media：Effects of solution ionic strength and flow velocity [J]. Journal of Contaminant Hydrology，181.

Wust S，Hock B，1992. A Sensitive enzyme immunoassay for the detection of atrazine based upon sheep antibodies[J]. Analytical Letters，6（1）：1025-1037.

Wan Q F，Deng D C，Bai Y，et al，2012. Phytoremediation and electrokinetic remediation of uranium contaminated soils：A review [J]. Journal of Nuclear and Radiochemistry，34（3）：148-156.

Xu W H，Huang H，Wang A H，et al，2006. Advance in studies on activation of heavy metal by root exudates and mechanism [J]. Ecology & Environment，15（1）：184-189.

Yang J S，Kwon M J，Choi J Y，et al，2014. The transport behavior of As，Cu，Pb，and Zn during electrokinetic remediation of a contaminated soil using electrolyte conditioning [J]. Chemosphere，117.

Yang J，Kloepper J W，Ryu C M，2009. Rhizosphere bacteria help plants tolerate abiotic stress [J]. Trends in Plant Science，14（1）.

Yang M，Zhang X D，Xu Y G，et al，2015. Autotoxic ginenosides in the rhizosphere contribute to the replant failure of Panax notoginseng[J]. PLoS ONE，10（2）.

Yuan C，Weng C H，2006. Electrokinetic enhancement removal of heavy metals from industrial wastewater sludge [J]. Chemosphere，65（1）.

Zheng S，Chen C，LI Y，et al，2013. Characterizing the release of cadmium from 13 purple soils by batch leaching tests[J]. Chemosphere，91（11）.

Zhou M，Wang H，Zhu S F，et al，2015. Electrokinetic remediation of fluorine-contaminated soil and its impact on soil fertility [J]. Environmental Science and Pollution Research International，22（21）.

Zu Y Q，Li Y，Chen J J，et al，2005. Hyperaccumulation of Pb，Zn and Cd in herbaceous grown on lead–zinc mining area in Yunnan，China [J]. Environment International，31（5）.

柏文恋，郑毅，肖靖秀，2018. 豆科禾本科间作促进磷高效吸收利用的地下部生物学机制研究进展[J]. 作物杂志，（04）：20-27.

鲍士旦，2000. 土壤农化分析. 3 版[M]. 北京：中国农业出版社.

柴华，何念鹏，2016. 中国土壤容重特征及其对区域碳贮量估算的意义[J]. 生态学报，36（13）：3903-3910.

常红，李利芬，黄丽，2017. 皂角苷对红壤和黄褐土中 Pb^{2+}、Zn^{2+}的解吸特征[J]. 农业环境科学学报，36（1）：93-100.

陈英旭，陈新才，于明革，2009. 土壤重金属的植物污染化学研究进展[J]. 环境污染与防治，31（12）：42-47.

陈英旭，2008. 土壤重金属的植物污染化学[M]. 北京：科学出版社.

陈昱，钱云，梁媛，等，2017. 生物炭对 Cd 污染土壤的修复效果与机理[J]. 环境工程学报，11

（4）：2528-2534.

陈远其，张煜，陈国梁，2016. 石灰对土壤重金属污染修复研究进展[J]. 生态环境学报，25（8）：1419-1424.

陈卓，2008. 黄渤海地区土壤有机碳对主要物理性状的影响[D]. 大连：大连交通大学.

代允超，吕家珑，曹莹菲，等，2014. 石灰和有机质对不同性质镉污染土壤中镉有效性的影响[J]. 农业环境科学学报，33（3）：514-519.

代志，高俊明，2018. 兼具解磷解钾功能生防菌分离鉴定及效果评价[J]. 山西农业科学，46（4）：627-633.

邓红侠，杨亚莉，李珍，等，2015. 不同条件下皂苷对污染塿土中 Cu、Pb 的淋洗修复[J]. 环境科学，36（4）：1445-1452.

邓民，王伟，2009. 不同污泥中 5 种重金属总量与形态分析[J]. 吉林化工学院学报，26（2）：28-31，39.

丁小余，施国新，常福辰，等，1998. Cd^{2+}污染对莼菜叶片形态学伤害反应的研究[J]. 西北植物学报，（3）：106-111.

丁竹红，尹大强，胡忻，等，2008. 矿区附近农田土壤中重金属和矿质元素浸提研究[J]. 农业环境科学学报，（5）：1774-1778.

杜彩艳，祖艳群，李元，2008. 石灰配施猪粪对 Cd、Pb 和 Zn 污染土壤中重金属形态和植物有效性的影响[J]. 武汉植物学研究，（2）：170-174.

杜瑞英，王艳红，唐明灯，等，2015. 石灰对铅污染土壤修复效果评价[J]. 生物技术进展，5（6）：461-467.

付荣恕，刘林德，2004. 生态学实验教程[M]. 北京：科学出版社.

樊金拴，2006. 中国北方煤矸石堆积地生态环境特征与植被建设研究[D]. 北京：北京林业大学.

冯素萍，鞠莉，沈永，等，2006. 沉积物中重金属形态分析方法研究进展[J]. 化学分析计量，（4）：72-74.

高岩，骆永明，2005. 蚯蚓对土壤污染的指示作用及其强化修复的潜力[J]. 土壤学报，（1）：140-148.

顾红，李建东，高永刚，等，2006. 石灰抑制重金属铅影响玉米根系效应的研究[J]. 玉米科学，（5）：101-103.

关松荫，1986. 土壤酶及其研究方法[M]. 北京：中国农业出版社.

郭碧林，陈效民，景峰，等，2018. 外源 Cd 胁迫对红壤性水稻土微生物量碳氮及酶活性的影响[J]. 农业环境科学学报，37（9）：1850-1855.

郭春雷，李娜，彭靖，等，2018. 秸秆直接还田及炭化还田对土壤酸度和交换性能的影响[J]. 植物营养与肥料学报，24（5）：1205-1213.

郭利敏，艾绍英，唐明灯，等，2010. 不同改良剂对镉污染土壤中小白菜吸收镉的影响[J]. 中国生态农业学报，18（3）：654-658.

韩春梅，王林山，巩宗强，2005. 土壤中重金属形态分析及其环境学意义[J]. 生态学杂志，（12）：1499-1502.

韩存亮，黄泽宏，肖荣波，等，2018. 粤北某矿区周边镉锌污染稻田土壤田间植物修复研究[J]. 生态环境学报，27（1）：158-165.

韩雷，陈娟，杜平，等，2018. 不同钝化剂对 Cd 污染农田土壤生态安全的影响[J]. 环境科学研究，31（7）：1289-1295.

郝明悬，2010. 浮液进样石墨炉原子吸收光谱法快速测定植物药材中铅[J]. 黑龙江医药，23（4）：494-495.

郝艳茹，劳秀荣，孙伟红，等，2003. 小麦/玉米间作作物根系与根际微环境的交互作用[J]. 农村生态环境，（4）：18-22.

黑亮，吴启堂，龙新宪，等，2007. 东南景天和玉米套种对 Zn 污染污泥的处理效应[J]. 环境科学，（4）：4852-4858.

胡金朝，郑爱珍，2005. 重金属胁迫对植物细胞超微结构的损伤[J]. 商丘师范学院学报，（5）：132-134，140.

胡劲梅，李小明，杨麒，等，2009. 表面活性剂加强动电技术去除污泥中铜和镉[J]. 环境工程学报，3（3）：535-538.

环境保护部，2015. 土壤氧化还原电位的测定 电位法（HJ 746—2015）[S]. 北京：中国环境科学出版社.

黄高宝，张恩和，1998. 禾本科，豆科作物间套种植对根系活力影响的研究[J]. 草业学报，（2）：19-23.

黄晶，凌婉婷，孙艳娣，等，2012. 丛枝菌根真菌对紫花苜蓿吸收土壤中镉和锌的影响[J]. 农业环境科学学报，31（1）：99-105.

黄益宗，郝晓伟，雷鸣，等，2013. 重金属污染土壤修复技术及其修复实践[J]. 农业环境科学学报，32（3）：409-417.

黄益宗，朱永官，胡莹，等，2006. 玉米和羽扇豆、鹰嘴豆间作对作物吸收积累 Pb、Cd 的影响[J]. 生态学报，26（5）：1478-1485.

蒋成爱，吴启堂，吴顺辉，等，2009. 东南景天与不同植物混作对土壤重金属吸收的影响[J]. 中国环境科学，29（9）：985-990.

蒋煜峰，展惠英，张德懿，等，2006. 皂角苷络合洗脱污灌土壤中重金属的研究[J]. 环境科学学报，26（8）：1315-1319

黎大荣，吴丽香，宁晓君，等，2013. 不同钝化剂对土壤有效态铅和镉含量的影响[J]. 环境保护科学，39（3）：46-49.

李凝玉，李志安，丁永祯，等，2008. 不同作物与玉米间作对玉米吸收积累镉的影响[J]. 应用生态学报，（6）：1369-1373.

李小平，王继文，赵亚楠，等，2016. 城市土壤中铅地球化学过程与儿童铅暴露的关系[J]. 国外医学医学地理分册，32（2）：85-92.

李晓晨，赵丽，印华斌，2008. 浸提剂 pH 对污泥中重金属浸出的影响[J]. 生态环境，（1）：190-194.

李新博，谢建治，李博文，等，2009. 印度芥菜-苜蓿间作对镉胁迫的生态响应[J]. 应用生态学报，20（7）：1711-1715.

李彦标，武悦，赵春慧，等，2016. 巴彦淖尔市耕地土壤速效钾含量现状分析[J]. 安徽农学通报，22（12）：63-64，70.

李元，方其仙，祖艳群，2008. 2 种生态型续断菊对 Cd 的累积特征研究[J]. 西北植物学报，（6）：1150-1154.

李元，祖艳群，2016. 重金属污染生态与生态修复[M]. 北京：科学出版社.

李元，2007. 环境科学实验教程[M]. 北京：中国环境科学出版社.

李元，祖艳群，2012. 环境科学与工程实习教程[M]. 北京：中国环境科学出版社.

李在田，2005. 气相色谱测定土壤中微量阿特拉津 [J]. 中国环境监测，（2）：20-21.

李振高，骆永明，滕应，2008. 土壤与环境微生物研究法[M]. 北京：科学出版社.

李志洪，王淑华，2000. 土壤容重对土壤物理性状和小麦生长的影响[J]. 土壤通报，（2）：55-57，96.

廖海秋，周世伟，2002. 化学农药对土壤生态环境的影响 [J]. 引进与咨询，（3）：8.

廖晓勇，陈同斌，阎秀兰，2007. 提高植物修复效率的技术途径与强化措施[J]. 环境科学学报，（6）：881-893.

林大仪，2004. 土壤学实验指导[M]. 北京：中国林业出版社.

刘丹丹，李敏，刘润进，2016. 我国植物根围促生细菌研究进展[J]. 生态学杂志，35（3）：815-824.

刘海军，陈源泉，隋鹏，等，2009. 马唐与玉米间作对镉的富集效果研究初探[J]. 中国农学通报，25（15）：206-210.

刘静，陈玉成，2006. 城市污泥中重金属的去除方法研究进展[J]. 微量元素与健康研究，23（3）：48-51.

刘灵芝，张玉龙，李培军，等，2011. 丛枝菌根真菌（*Glomus mosseae*）对玉米吸镉的影响[J]. 土壤通报，42（3）：568-572.

刘玲，吴龙华，李娜，等，2009. 种植密度对镉锌污染土壤伴矿景天植物修复效率的影响[J]. 环境科学，30（11）：3422-3426.

刘卫国，霍举颂，黄廷温，等，2019. 汞胁迫对齿肋赤藓生物结皮细胞超微结构的影响[J]. 生态毒理学报，14（5）：318-325.

刘秀艳，郭丽珠，刘丽，等，2019. 狼毒种子不同密度对 6 种草地植物种子发芽及幼苗生长的化感影响[J]. 草原与草坪，39（1）：1-6，15.

刘云芝，张文斌，冯光泉，等，2008. 改良剂对降低三七中重金属残留量作用的研究[J]. 云南农业大学学报，（1）：118-121.

刘芸君，钟道旭，李柱，等，2013. 锌镉交互作用对伴矿景天锌镉吸收性的影响[J]. 土壤，45（4）：700-706.

娄安如，牛翠绢，2005. 基础生态学实验指导[M]. 北京：高等教育出版社.

卢宁川，郁建桥，杨芳，2010. 皂角苷对土壤中重金属的解吸过程及机制[J]. 安徽农学通报（上半月刊），16（9）：36-39.

卢鑫，胡文友，黄标，等，2017. 丛枝菌根真菌对玉米和续断菊间作镉吸收和累积的影响[J]. 土壤，49（1）：111-117.

骆永明，2012. 重金属污染土壤的香薷植物修复研究[M]. 北京：科学出版社.

吕越，吴普特，陈小莉，等，2014. 玉米/大豆间作系统的作物资源竞争[J]. 应用生态学报，25（1）：139- 146.

马媛媛，肖霄，张文娜，2012. 植物低温逆境胁迫研究综述[J]. 安徽农业科学，40（12）：7007-7008，7099.

孟紫强，祝玉珂，1997. 太原城区绿化植物受氯气伤害的特征及其抗性的研究[J]. 城市环境与城市生态，（3）：6-9.

宁翠萍，李国琛，王颜红，等，2017. 细河流域农田土壤重金属污染评价及来源解析[J]. 农业环境科学学报，（3）.

齐文靖，于晗，张佳慧，等，2018. 不同重金属胁迫对绿豆种子萌发和幼苗部分生理指标的影响[J]. 北方园艺，（21）：1-5.

秦欢，何忠俊，熊俊芬，等，2012. 间作对不同品种玉米和大叶井口边草吸收积累重金属的影响[J]. 农业环境科学学报，31（7）：1281-1288.

秦丽，祖艳群，李元，等，2013. 会泽铅锌矿渣堆周边 7 种野生植物重金属含量及累积特征研究[J]. 农业环境科学学报，32（8）：1558-1563.

秦丽，祖艳群，李元，2010. Cd 对超累积植物续断菊生长生理的影响[J]. 农业环境科学学报，29（S1）：48-52

秦丽，祖艳群，湛方栋，等，2013. 续断菊与玉米间作对作物吸收积累镉的影响[J]. 农业环境科学学报，32（3）：471-477.

饶中秀，朱奇宏，黄道友，等，2013. 模拟酸雨条件下海泡石对污染红壤镉、铅淋溶的影响[J]. 水土保持学报，27（3）：23-27.

单孝泉，张淑贞，2005. 形态分析、分级分析和土壤中重金属元素的生物可给性研究[M]. 北京：化学工业出版社，181-208.

邵乐，郭晓方，史学峰，等，2010. 石灰及其后效对玉米吸收重金属影响的田间实例研究[J]. 农业环境科学学报，29（10）：1986-1991.

石思博，王旭东，叶正钱，等，2018. 菌渣化肥配施对稻田土壤微生物量碳氮和可溶性碳氮的影响[J]. 生态学报，38（23）：8612-8620.

史晓燕，2007. 民勤和临泽绿洲——荒漠过渡带几种植物耐旱机制的研究[D]. 兰州：兰州大学.

斯佳彬，2019. 土壤重金属检测方法的应用及发展趋势的探究[J]. 环境与发展，31（6）236-238.

苏本营，陈圣宾，李永庚，等，2013. 间套作种植提升农田生态系统服务功能[J]. 生态学报，33（14）：4505-4514.

孙洪欣，赵全利，薛培英，等，2015. 不同夏玉米品种对镉、铅积累与转运的差异性田间研究[J]. 生态环境学报，24（12）：2068-2074.

孙嘉铭，胡妍妍，朱雪菲，等，2019. 几种观赏地被菊种子发芽竞争关系比较[J]. 天津农林科技，（3）：15-18.

孙杰，王一峰，田凤鸣，等，2019. 重金属 Pb^{2+}胁迫对油菜种子萌发及幼苗生长的影响[J]. 陇东学院学报，30（2）：67-70.

谭建波，陈兴，郭先华，等，2015. 续断菊与玉米间作系统不同植物部位 Cd、Pb 分配特征[J]. 生态环境学报，24（4）：700-707.

唐浩，朱江，黄沈发，等，2013. 蚯蚓在土壤重金属污染及其修复中的应用研究进展[J]. 土壤，45（1）：17-25.

唐世荣，黄昌勇，朱祖祥，1997. 超积累植物与找矿[J]. 物探与化探，（4）：263-268.

田圣贤，冯盼，杨山，等，2018. 东北阔叶红松林腐殖质层土壤阳离子交换性能及其主要影响因素[J]. 生态学杂志，37（9）：2549-2558.

万年升，顾续东，段舜山，2006. 阿特拉津生态毒性与生物降解的研究 [J]. 环境科学学报，2006（4）：552-560.

王吉秀，湛方栋，李元，等，2016. 铅胁迫下小花南芥与玉米间作对根系分泌物有机酸的影响[J]. 中国生态农业学报，24（3）：365-372.

王吉秀，祖艳群，陈海燕，等，2010. 表面活性剂对小花南芥（*Arabis alpina* L.var.*parviflora* Franch）累积铅锌的促进作用[J]. 生态环境学报，19（8）：1923-1929.

王吉秀，祖艳群，李元，等，2012. 玉米和不同蔬菜间套模式对重金属 Pb、Cu、Cd 累积的影响研究[J]. 农业环境科学学报，30（11）：2168-2173

王京文，蔡梅，郑洁敏，等，2016. 丝瓜与伴矿景天间作对土壤 Cd 形态及丝瓜 Cd 吸收的影响[J]. 农业环境科学学报，35（12）：2292-2298.

王林，徐应明，梁学峰，等，2012. 广西刁江流域 Cd 和 Pb 复合污染稻田土壤的钝化修复[J]. 生态与农村环境学报，28（5）：563-568.

王平洁，龚玉莲，汤域巍，等，2016. 间作对植物吸收积累重金属的影响研究进展[J]. 农业研究与应用，2：49-52.

王婉华，陈丽红，刘征涛，等，2015. 重金属铬（VI）和铅对南京土壤中赤子爱胜蚓生长及繁殖的影响[J]. 环境化学，34（10）：1839-1844.

王晓阳，董云萍，邢诒彰，等，2018. 单作和间作对槟榔和咖啡生长、根系形态及养分利用的影响[J]. 热带作物学报，39（10）：1906-1912.

王艳红，李盟军，唐明灯，等，2013. 石灰和泥炭配施对叶菜吸收 Cd 的阻控效应[J]. 农业环境科学学报，32（12）：2339-2344.

王友保，张莉，沈章军，等，2005. 铜尾矿库区土壤与植物中重金属形态分析[J]. 应用生态学报，（12）：2418-2422.

韦树燕，黄宇妃，宋波，2013. 重金属污染土壤化学钝化剂应用研究进展[J]. 资源节约与环保，（6）：143-144.

卫泽斌，郭晓方，丘锦荣，等，2010. 间套作体系在污染土壤修复中的应用研究进展[J]. 农业环境科学学报，29（S1）：267-272.

魏树和，周启星，2004. 重金属污染土壤植物修复基本原理及强化措施探讨[J]. 生态学杂志，（1）：65-72.

魏祥东，邹慧玲，铁柏清，等，2015. 种植模式对南方旱地重金属含量及其迁移规律的影响[J]. 农业环境科学学报，34（6）：1096-1106.

吴才武，夏建新，段峥嵘，2015. 土壤有机质测定方法述评与展望[J]. 土壤，47（3）：453-460.

吴华杰，李隆，张福锁，2003. 水稻/小麦间作中种间相互作用对镉吸收的影响[J]. 中国农业科技导报，（5）：43-46.

吴洁婷，杨东广，王立，等，2018. 植物内重金属的赋存形态及分布特征分析方法研究进展[J]. 中国环境监测，34（4）：141-149.

吴金水，林启美，黄巧云，等，2006. 土壤微生物生物量测定方法及其应用[M]. 北京：气象出版社.

吴萍萍，王家嘉，李录久，等，2016. 模拟酸雨条件下生物炭对污染林地土壤重金属淋失和有效性的影响[J]. 水土保持学报，30（3）：115-119，284.

吴启堂，2011. 环境土壤学[M]. 北京：中国农业出版社.

吴文成，陈显斌，刘晓文，等，2015. 有机及无机肥料修复重金属污染水稻土效果差异研究[J]. 农业环境科学学报，34（10）：1928-1935.

奚旦立，孙裕生，刘秀英，2004. 环境监测：第三版[M]. 北京：高等教育出版社.

邢丹，刘鸿雁，于萍萍，等，2012. 黔西北铅锌矿区植物群落分布及其对重金属的迁移特征[J]. 生态学报，32（3）：796-804.

徐冬梅，文岳中，李立，等，2011. PFOS 对蚯蚓急性毒性和回避行为的影响[J]. 应用生态学报，22（1）：215-220.

徐国华，施国新，刘丽，等，2000. Cr^{6+}对莼菜叶的急性毒害[J]. 南京师大学报（自然科学版），（1）：67-71.

徐露露，马友华，马铁铮，等，2013.钝化剂对土壤重金属污染修复研究进展[J]. 农业资源与环境学报，30（6）：25-29.

徐卫红，王宏信，刘怀，等，2007. Zn、Cd 单一及复合污染对黑麦草根分泌物及根际 Zn、Cd 形态的影响[J]. 环境科学，（9）：2089-2095.

许嘉琳，鲍子平，杨居荣，等，1991. 农作物体内铅、镉、铜的化学形态研究[J]. 应用生态学报，（3）：244-248.

闫洪雪，刘露，李丽，等，2016. PGPR 的研究进展及其在农业上的应用[J]. 黑龙江农业科学，（6）：148-151.

杨持，2003. 生态学实验与实习[M]. 北京：高等教育出版社.

杨芬，张永伍，刘品华，2016. 植物中重金属含量的测定[J]. 科技创新与应用，（33）：14-15.

杨国远，万凌琳，雷学青，等，2014. 重金属铅、铬胁迫对斜生栅藻的生长、光合性能及抗氧化系统的影响[J]. 环境科学学报，34（6）：1606-1614.

杨清伟，彭慧灵，刘守江，等，2016. 多种超富集植物联合修复土壤重金属污染的光合机理研究探讨[J]. 西华师范大学学报（自然科学版），37（1）：114-119+6.

杨文钰，2002. 农学概论[M]. 北京：中国农业出版社.

雍太文，陈小容，杨文钰，等，2010. 小麦/玉米/大豆三熟套作体系中小麦根系分泌特性及氮素吸收研究[J]. 作物学报，36（3）：477-485.

于蔚，李元，陈建军，等，2014. 铅低累积玉米品种的筛选研究[J]. 环境科学导刊，33（5）：4-9，104.

曾卉，周航，邱琼瑶，等，2014. 施用组配固化剂对盆栽土壤重金属交换态含量及在水稻中累积分布的影响[J]. 环境科学，35（2）：727-732.

中华人民共和国卫生部，中国国家标准化管理委员会，2003. 食品中莠去津残留的测定（GB/T 5009.132—2003）[S]. 北京：中国标准出版社.

詹绍军，喻华，冯文强，等，2011. 不同有机物料与石灰对小麦吸收镉的影响[J]. 水土保持学报，25（2）：214-217，231.

张春花，单治国，蒋智林，等，2017. 4 种微生物对烤烟中代森锰锌农药残留及降解动态的影响[J]. 贵州农业科学，45（4）：79-84.

张恩和，黄高宝，2003. 间套种植复合群体根系时空分布特征[J]. 应用生态学报，（8）：1301-1304.

张富运，陈永华，吴晓芙，等，2012. 铅锌超富集植物及耐性植物筛选研究进展[J]. 中南林业科技大学学报，32（12）：92-96.

张红刚，2006. 蚕豆、大豆和玉米根际磷酸酶活性和有机酸的差异及其间作磷营养效应研究[D]. 中国农业大学.

张晖，宋圆圆，吕顺，等，2015. 香蕉根际促生菌的抑菌活性及对作物生长的促进作用[J]. 华南农业大学学报，36（3）：65-70.

张宁，张如，吴萍，等，2014. 根系分泌物在西瓜/旱作水稻间作减轻西瓜枯萎病中的响应[J]. 土壤学报，51（3）：585-593.

章淼，肖洪文，胡伟，等，2019. 土壤重金属对蚯蚓的毒性作用研究进展[J]. 科技创新导报，16（5）：114-115.

赵冰，沈丽波，程苗苗，等，2011. 麦季间作伴矿景天对不同土壤小麦-水稻生长及锌镉吸收性的影响[J]. 应用生态学报，22（10）：2725-2731.

赵岩，黄运新，秦云，等，2016. 植物修复土壤重金属污染的研究进展[J]. 湖北林业科技，45（1）：40-43，63.

郑承松，2007. 三明市城市生活污水处理厂污泥中的重金属含量及其形态分布研究[J]. 海峡科学，（6）：48-49.

郑昊楠，王秀君，万忠梅，等，2019. 华北地区典型农田土壤有机质和养分的空间异质性[J]. 中国土壤与肥料，（01）：55-61.

郑纪勇，邵明安，张兴昌，2004. 黄土区坡面表层土壤容重和饱和导水率空间变异特征[J]. 水土保持学报，（3）：53-56.

郑丽萍，王国庆，林玉锁，等，2015. 贵州省典型矿区土壤重金属污染对蚯蚓的毒性效应评估[J]. 生态毒理学报，10（2）：258-265.

周建利，邵乐，朱凰榕，等，2014. 间套种及化学强化修复重金属污染酸性土壤—长期田间试验[J]. 土壤学报，51（5）：1056-1065.

周启星，宋玉芳，2004. 污染土壤修复原理与方法[M]. 北京：科学出版社.

周相玉，冯文强，秦鱼生，等，2013. 镁、锰、活性炭和石灰及其交互作用对小麦镉吸收的影响[J]. 生态学报，33（14）：4289-4296.

周歆，周航，曾敏，等，2014. 石灰石和海泡石组配对水稻糙米重金属积累的影响[J]. 土壤学报，51（3）：555-563.

邹小冷，祖艳群，李元，等，2014. 云南某铅锌矿区周边农田土壤 Cd、Pb 分布特征及风险评价[J]. 农业环境科学学报，33（11）：2143-2148.

祖艳群，胡文友，吴伯志，等，2008. 不同间作模式对辣椒养分利用、主要病虫害及产量的影响[J]. 武汉植物学研究，(4)：412-416.

祖艳群，胡文友，吴伯志，等，2009. 辣椒//玉米间作条件下作物对氮、磷和钾的吸收利用特征研究[J]. 中国农学通报，25（12）：234-239.

附　录

附录 A（规范性附录）　土壤水分状态评价

表 A　土壤水分状态评价

土壤评价	性质	土壤鉴别	
		＞17%黏土	＜17%黏土
干	水分含量低于凋萎点	固体，坚硬，不可塑，湿润后严重变黑	颜色浅，湿润后严重变黑
收缩限度			
新鲜	水分含量介于田间土壤水分含量与凋萎点之间	半固体，可塑，用手碾成 3 mm 细条时会破裂和碎散，湿润后颜色轻微加深	湿润后颜色轻微加深
湿润	水分含量接近于田间水分量，不存在游离水	可塑，碾成 3 mm 细条时无破裂，湿润后颜色保持不变	接触的手指轻微湿润，挤压时没有水出现，湿润后颜色保持不变
潮湿	存在游离水，部分土壤孔隙空间饱和	质软，可碾成＜3 mm 细条	接触的手指迅速湿润，挤压时没有水出现
饱和	所有孔隙饱和，存在游离水	所有孔隙饱和，存在游离水	所有孔隙饱和，存在游离水
充满	表层土壤含有水分	表层土壤含有水分	表层土壤含有水分

附录 B（资料性附录） 标准氧化还原缓冲溶液电位值

表 B.1 标准氧化还原缓冲溶液电位值（醌氢醌） 单位：mV

参比电极	pH=4			pH=7		
	20℃	25℃	30℃	20℃	25℃	30℃
饱和银-氯化银	268	263	258	92	86	79
饱和甘汞电极	223	218	213	47	41	34
饱和氢电极	471	462	454	295	285	275

表 B.2 标准氧化还原缓冲溶液电位值（铁氰化钾—亚铁氰化钾）

pH	E_h/mV	pH	E_h /mV
0	771	8	160
1	770	9	30
2	750	10	–150
3	710	11	–320
4	620	12	–480
5	500	13	–560
6	390	14	–620
7	270		

表 B.3 标准氧化还原缓冲溶液电位值（标准氢电极）

mol/L	E_h /mV
0.01	415
0.007	409
0.004	401
0.002	391
0.001	383

注：① 用 0.001 mol/L 的铁氰化钾和亚铁氰化钾溶液测量最为准确；

② 铁氰化钾和亚铁氰化钾溶液的浓度均相等。

附录 C（资料性附录） 参比电极电位值

表 C 不同温度对应的参比电极相对于标准氢电极的电位值 单位：mV

温度/℃	甘汞电极 0.1 mol/L KCl	甘汞电极 1 mol/L KCl	甘汞电极 饱和 KCl	银-氯化银 1 mol/L KCl	银-氯化银 3 mol/L KCl	银-氯化银 饱和 KCl
50	331	274	227	221	188	174
45	333	273	231	224	192	182
40	335	275	234	227	196	186
35	335	277	238	230	200	191
30	335	280	241	233	203	194
25	336	283	244	236	205	198
20	336	284	248	239	211	202
15	336	286	251	242	214	207
10	336	287	254	244	217	211
5	335	285	257	247	221	219
0	337	288	260	249	224	222